理想人居溯本

从非洲草原到桃花源

俞孔坚 —————————— 著

北京大学出版社

PEKING UNIVERSITY PRESS

图书在版编目（CIP）数据

理想人居溯本：从非洲草原到桃花源 / 俞孔坚著 . —— 北京：北京大学出版社，2021.1
ISBN 978-7-301-31633-7

Ⅰ . ①理… Ⅱ . ①俞… Ⅲ . ①居住环境 – 研究 Ⅳ . ① X21

中国版本图书馆 CIP 数据核字 (2020) 第 178008 号

书　　　名	理想人居溯本：从非洲草原到桃花源	
	LIXIANG RENJU SUBEN：CONG FEIZHOU CAOYUAN DAO TAOHUAYUAN	
著作责任者	俞孔坚　著	
责 任 编 辑	张丽娉	
标 准 书 号	ISBN 978-7-301-31633-7	
出 版 发 行	北京大学出版社	
地　　　址	北京市海淀区成府路 205 号　100871	
网　　　址	http://www. pup. cn　新浪微博：@北京大学出版社　@培文图书	
电 子 信 箱	pkupw@ qq. com	
电　　　话	邮购部 010–62752015　发行部 010–62750672　编辑部 010–62750883	
印 刷 者	北京启航东方印刷有限公司	
经 销 者	新华书店	
	880 毫米 ×1230 毫米　32 开本　7.5 印张　150 千字	
	2021 年 1 月第 1 版　2021 年 1 月第 1 次印刷	
定　　　价	80.00 元	

献给

父亲俞世基

母亲邵阿芝

他们使我懂得景观的含义

目　录

初版序

　　俞孔坚教授根据他多年来对风水问题的研究以及在景观设计方面的实践，最近出版其重要成果：《理想人居溯本：从非洲草原到桃花源》。其实，这本书在五年前他就已写成，因故推迟至今才出版。

　　在1997年的年底，俞孔坚教授要我为其大作写篇序，我十分高兴。借此机会，我阅读了该著作。拿到稿子后，我当晚就开始阅读，很快被这本书的内容吸引了，爱不释手，当夜就看了大半。第二天清晨醒来，我在床上继续借灯光读，好在书稿不太长，我一直读完了才起床。可以说，书稿是一口气读完的。读完后，心里十分舒畅，犹如多年困惑的问题，突然看到新的前景，有一种豁然开朗的感觉。

　　对于风水问题，我也有大体类似俞孔坚的一点感受。在抗日战争前，祖母去世，家里请了风水先生来看祖坟地。一时间，坟地成为家里及众亲友间的热门话题，我也从人们的言谈话语中了解到风水的内容，对风水产生一种神秘感。

后来，抗日战争中，既看到民族战争的残酷性，家庭也走向衰落。知识的增加、现实的教育，使我认识到，没有科学和技术，没有组织和力量，国家就要受难，人民就要遭殃。国家和人民都是这样，家庭亦难逃脱这种灾难，风水又有什么用，它既保不了家，也救不了命。这种想法，到1940年代末以后，更有加强。在1950年代，土改、公社化、坟地也都从地面上消失了，建房也多是公家与集体行为。从此，国家也开始复兴，走上现代化道路，人民生活也有很大改善，这也未请一位风水先生来选阴宅，勘定阳宅，当然也不能将社会大变动归功于它。这时，没有人谈论风水。

1983年夏，我到加拿大去进修。6月间，应邀参加加拿大地理学会在温尼伯举行的地理年会，在一个小组讨论会上，一位华裔学者提出一篇关于风水方面的论文，是探讨其科学的内涵。这件事对我产生一种新的启示，就是风水是中国长期存在的一种较流行的思想与行为，应当用一种科学的方法对其进行总结。

从加拿大回来后，我开始对文化地理学感兴趣，便在系内边学边教这门课程。在教与学这门课的过程中，我了解到，人类的文化思想总是与其所在的地理环境中的生活实践的认识与经验相联系的。我从宗教产生的原因的科学解释中，认识到人类在原始时期面对自然、社会与人生时，缺乏科学认识，不能掌握自己的命运，企求某种超越的力量作为命运的依托和精神归宿。这种超越现实世界之外的超自然的力量与实体就是宗教上的上帝、天神、鬼灵，人类认为它能左右人的命运和祸福，因而受到人们的敬畏和崇拜。

对于风水问题，我想亦和原始宗教相类似，它是原始文化的延续，其中既包括朴素的合理的内涵，亦混杂有非科学的、神秘的内容和外衣。因此，对待风水问题，关键是在于从文化的历史发展观点，来取其精华，弃其糟粕。从 1980 年代以来，出了不少从科学的、唯物的观点对风水这一传统文化进行分析的有关著作，认为其内容反映了人类根据气候、地貌、水文、土质、植被等自然条件的特点及其地域的组合来寻求其理想的生活环境与居住区位。同时，人们又将这种对理想环境的追求推延到对死者的墓地的选择。其中的大多数作者也指出，风水中那种认为其对人的凶吉祸福、家庭兴衰、死生寿夭、货殖营利、科场中举的影响则是附加其上的神秘外衣。但是，对这种理想景观寻求的根源往往缺乏深入的探索。俞孔坚的著作则是从生物与文化基因上的图式来解开风水与理想景观之间的深层意义。在阅读该书稿后，我认为俞孔坚教授的著作有以下三个特点：

第一，他认为理想风水原型是从原始人寻求满意的栖息地模式开始的。

原始人从树上走下来，进入森林草原环境，这个环境充满着新的机遇与挑战。人类要改变原来的食物习惯，猎采新的资源，但是又要逃避新敌手（主要是猛兽）的袭击。这一过程既要接近作为其重要的食物来源的动物，又要避开那些敌手猛兽的攻击。作为万物之灵的人，其在体质上的奔跑、跳跃、牙咬、手抓和力气方面一般说来都不如动物。为了生存，人类所能考虑的智力措施是依赖工具、集体协作和利用环境。利用环境除隐蔽自身，当接近动物时，突然进攻，置敌于死地外，还有当情况不利时，借地物以躲藏、上树攀岩以离开险境。人类就是在这种凶吉祸福并存的条件下，在庇护、狩猎、捍域等活动中认识环境、辨析环境和利用环境，最终形成原始人类满意的栖息地模式，即理想风水的原型。这说明俞孔坚教授对理想风水原型的探索从一般著作中始于农业社会而推向到原始人的狩猎阶段，在时间上是大大提前了。同时，该书用"土拨鼠选择合适地点打洞"的例子说明动物在选择和适应环境过程中通过基因形成遗传本能。作为生物中一员的人类，照例亦应有此择居天赋。这一点在其后对从元谋人到山顶洞人的栖息地遗址分析中得到印证。

第二，总结出农耕文化的盆地经验对风水模式的强化作用。

人类由于从狩猎转入农耕，其栖息地也从山岭与平原交接处走向农田集中的河谷平原。在狩猎中，捕捉野兽、躲避野兽进攻，只能利用自然景观中的地形与地物。在平原大川之中，尽管与狩猎时代的环境特点不同，但在原始人时代所形成的庇护与捍域的意识则由对付动物转向对付其他人群。其采取的适应手段则主要是在自然的基础上的人为手段，为群体则筑城，"重关四塞"，对家庭则出现盒子形的四合院。俞孔坚教授在这里将这些人为的庇护、捍域的产物出现于我国关中盆地特殊地形内所产生的文化定型联系起来，科学地解说了这种风水模式的强化过程以及自然环境与人文景观的联系。

第三，对"风水说"的哲学思考与深层含义的探索。

经风水的原型与风水模式强化的论述，俞孔坚教授的著作进入风水的关键，即对哲学的思考与深层含义的探索。该书中，作者对风水的论据的哲学"唯气论"做了分析，从"唯气论"的"化始"（即天地万物皆始于阴阳之气）起，经"化机"（即"气之聚时，在天成象，在地成形"），到"化成"（即设法使阴阳冲和而得生气，有生气则福禄永贞）的过程的论述，指出："风水说"利用其所谓"气感相应，鬼福及人"，来推理祖辈墓葬风水好坏可以决定子孙福祸，是缺乏任何依据的。最重要的是，作者与众多风水之作不同之点在于他既不是借继承传统文化之名以"唯气论"来增加"风水说"的"神秘光彩"，也不是"客观地"介绍哲学理论，而是正确指出："不是'风水说'导出了中国人的理想模式（景观模式），相反，是中国人内心深处和文化深处的那种理想景观模式，引发了'风水说'关于风水理论的直观思辨，进而附会了一整套基于中国哲学的解释体系。"最后，作者的结论是："风水之理论本身没有多大意义，而其深层的景观理想才真正值得我们重视。这也正是本书的出发点。"

从以上粗略介绍可以看出该书的特点及与众不同之处，在今"风水说""流行"之际是很值得一读的著作。该书篇幅不大，语言简洁，图文并茂。我了解，作者的研究，不单是探风水之说的深层意义，而是在其从事的景观规划与设计实践中体现与发扬中国传统文化之真谛。我已见到作者在这方面的许多创新作品，我希望在该书出版不久之际，再出版其理想景观的创新之作。

王恩涌（北京大学教授）

1998 年 1 月 5 日

自序

从柏拉图到马克思，从亚里士多德到孔夫子，从杰弗逊到孙中山，人类在为追求某种社会理想而不懈奋斗，并在这种理想的召引下推动社会之变革。但人们往往注意不到伴随人类社会理想的另一种理想，即环境理想。本书中我将它称为景观理想，以作为对环境之空间格局的强调。

景观理想的探索可以有多条途径，其中包括神话与宗教中的景观理想，如中国古代神话之神山仙境、道教之洞天福地、佛教之西方极乐世界；艺术家所表达的景观理想，如山水画、山水诗及园林艺术中的景观；日常行为和统计心理学中所反映的景观理想，等等。"风水说"融宗教及民间信仰、神话与艺术及日常行为于一体，故能综合体现上述各种景观理想。这种景观理想深藏于每个人、每个民族或每一种文化之中，往往心照不宣地引导着人们的景观设计和改造。所以，揭示人类的景观理想及其深层含义，正如揭示人类的社会理想一样，对人类从必然王国走向自由王国，特别是美好居住环境的创造具有重要意义。探索中国人和中国文

图 1 作者家乡浙江金华东俞村的景观，从出生到 1980 年去北京之前，作者在这里度过了他的大部分童年和少年时光（1986，作者摄）。

图 2　江西婺源，村口的大樟树，作者家乡东村口的那棵大樟树和这棵很像，可惜已经被砍了（2017，作者摄）。

化中的理想景观并揭示其背后的深层意义便成了我十多年来的一
个主要研究方向。把风水作为一种文化现象来研究其所表达的景
观理想及其深层含义，而并不就风水本身作评论和解释，正是本
书的一个主要出发点。

我的风水经验从记事时起便已开始。我的老家在浙江金华东
俞村，位于金衢盆地之中，四顾皆山，北临金华江，右带白沙溪，
村前一片松林，清澈的小流经过松林，绕过宅前，被引入村中的
一个个池塘。村头古老的樟树遮掩着白墙黑瓦。乡人都自誉有一块
风水宝地。夏天，每当夜色降临，晚辈们便围着奶奶、伯父和父
亲坐在门前水边的青石板上，听他们一遍又一遍谈论祖先建村立
业的故事和他们儿时的经历，其中大多都与那片黑色的森林有关。
林中埋着祖先的遗骨，他们的灵魂在保佑着我们。夜幕中，松林
里不时有磷火（鬼火）闪动，伴随着猫头鹰的怪叫。神秘和敬畏
使我一直与这片森林保持着距离。直到十来岁的光景，才有机会
与兄长们踏入这片林子，原来这里竟如此美妙，高大的松树上栖
息着灰雀和喜鹊，黄鼠狼成群结队在嬉逐，河沟里的水又清又凉，
鱼儿出没于水草之中。从此，这里便成了我最喜爱的地方，至今
还时时出现在我的梦境之中，并成为我所知的所有森林童话的场
景，永恒地保留在脑中。遗憾的是，这美妙的风水林连同那村头
的风水树几年前被某些无知而贪婪的村干部们以 1100 元人民币的
价格出卖了。从此，我的晚辈们再也不会有我心灵中那种对风水
林的敬畏，当然也不再有我所体验的森林童话般的场景了。

图 3　作者家旧宅的天井（2011，作者摄）。

孩提时对风水及其景观的敬畏不仅仅因为风水林的神秘"鬼火"和可怖的猫头鹰，还因为我相信它直接与我的命运有关。"文化大革命"几乎占去了我全部儿童时代，父母都是"黑五类"的子弟，每天妈妈受完审讯和批斗回来，就只有怪祖宗墓葬的"风水"不好。后来哥哥因写信控告"文化大革命"而被打成反革命，我也因此多次被拒于小学和中学的校门之外，妈妈更是喋喋不休，怪祖坟风水作祟，扬言要挖祖坟重葬。这样，在"不吉利"的风水阴影下，我度过了童年，但这并不妨碍我对家乡景观的美的体验。说来也怪，1980 年，我竟是本区中学三百余名应届高中生中唯一一个考上大学的。于是乎，赞誉之声四起，其中受誉最多的是我家祖坟和家宅的风水。临行到北京上学的前一天，母亲嘱我在村前的那片风水林里取下了一勺土，用红纸和红线包好，珍藏在行李箱内。从此这勺来自家乡的土，带着家乡的风与水、神与灵伴随我在北方生活多年，又随我远渡重洋浪迹欧美多年，多少给了我一些寄托。

似乎与风水有不解之缘，从大学本科到研究生我都选择了景观规划设计专业（大陆称风景园林专业）。1980 年代中期，风水尚属敏感的禁区，我便开始查询各种民间"封建迷信"的遗物，拜访乡间的"风水先生"，以图对风水探个究竟。由于专业关系和本人生性好游，造访名山大川、古墓遗址和洞天福地便成了我十余年来最大的兴趣，我常常携干粮水壶，独自跋涉于乡野之地。其间体验到各种具有神秘风水传说的景观，无不实地踏探拍照。

作为一个景观与城市设计研究和实践者，我把风水这一不登大雅之堂的文化现象作认真对待的另一原因是我的专业实践经验。记得 1990 年代初，应开发商之邀，我在汕头做一景观规划设计工作，想不到审阅我的图纸的不是专业规划设计师，而是两位来自中国香港的风水先生。所幸的是我尊重了当地的风水信仰，并将其在设计中考虑，这使我感到，作为一个设计师，应该理解和尊重业主的景观认知模式和信仰。尊重当地的自然过程和文化过程，其中包括尊重风水景观及其含义，应是设计师的基本职业道德，更不用说认识和理解当地的自然过程和文化过程（包括风水）是设计师的基本专业素质了。当然，这里必须强调，设计师是在"尊重"和"理解"，绝不是"宣扬"和行风水先生之道；而要使自己高于"风水先生"，就必须在更深层次上理解风水及其景观之本质含义。

对风水及理想景观本质的认识可归结为对以下三个问题的探讨：

1. 一个理想的风水景观有什么样的结构特征，它们有什么深层的意义？

2. 理想风水景观与中国文化中其他理想景观有什么共同的特征，这种同构性说明了什么？

3. 中国文化中的风水和理想景观与其他文化之理想景观有何异同，为什么会有这种异同？

有道是"行万里路，破万卷书"，大量实地考察和景观体验，使我对风水之本质含义有了一些领悟。首先体验到的是理想风水景观与其他理想景观之间存在着某些同构现象。特别是当我在广东"马坝人"遗址、河南"小南海"文化遗址等原始人类栖息地考察时，发现后来的寺庙选址竟与原始人类栖息地的选择相重叠，隐隐感到理想景观模式中的某种生物基因的存在。对这种领悟的进一步深化则是在研读1970年代中期以后西方出现的景观审美认知学派的有关论著（俞孔坚1988,1988a），其中包括Appleton（1975）的"景观体验"及其"瞭望—庇护"理论，Kaplan等（1982）的环境认知信息模式。这些都在很大程度上补充了达尔文的人类进化思想给予景观审美感知的系统的理解。这使我能从人类生态和进化的角度来认识理想风水和景观的某些结构的深层意义。

中西方文化景观存在着许多明显的差异，包括在轴线的处理上，西方强调视线的通畅，而在中国文化中则更强调其在组织空间时的作用；在建筑选址中，西方文化表现出对制高点和视控点的强烈偏好，而在中国文化中则更偏好隐藏与屏蔽性结构等。如果单从人类系统发育（进化）的角度来看，这种东西方差异是很难理解的。所以，必须考察文化的生态经验与传播。在某种程度上，地理环境决定论的思想给了我较大的影响。尽管有许多人在批评地理环境决定论，但从某种意义上讲，我坚信中国农耕文化的生态经验，尤其是文化定型时期的生态经验对我们民族之景观吉凶意识和理想景观模式之形成有着至关重要的作用。本书中特别强调了陕西关中盆地及周民族在构筑中华民族景观理想中的关键性意义。为了进一步证实文化定型时期的地理环境及生态经验对景观适应的作用，我还专门实地考察和体验了地中海气候作用下的景观并特别注意考察了欧洲文化的发源及定型地域，包括克里特岛和希腊半岛。欧洲文化与中华文化定型地域中截然不同的生态与景观体验使我相信，在理想景观模式背后存在着某种文化基因。

本书大部分内容在 1992 年夏完成，当时受艾定增教授的盛情邀请合著《风水钩沉》一书，其时我正变卖家当（包括图书）准备赴美，可以说没有艾先生的鼓励和敦促，我是绝不可能完成写作的。本书原作为《风水钩沉》中之第一章，并一度有约同时在中国大陆与台湾出版，并有幸得程里尧高级工程师作序（1993）。后来，因故没在大陆出版，而台湾出版者又嫌书之内容过于理论化，缺乏商业价值，故而搁置多年。不想台湾田园出版社陈炳先生追踪不学多年，决意将其尽快付梓，并在京等着我将最后一字校完。至诚之极，令我感动不已。

本书核心内容多次在美国、英国、瑞典、希腊、日本和国内的北京大学、清华大学、北京林业大学、深圳大学、南京师范大学、华东师范大学、中国科学院、北京环境学会、北京园林协会、中国城市规划设计研究院等作为报告介绍，并获多方的中肯的反馈建议，都对本书的完善有很大作用，我对他们还有我的学生们表示感谢。本书的一些研究工作及书写过程中曾先后得到中国科学院系统生态开发实验室、国家教委留学回国人员基金、国家自然科学基金（第 59778010 号）等的支持。感谢郑艳磊和王永梅两

位女士对文字的处理工作。最后，我要感谢内人吉庆萍为本书的
完成所付出的辛勤劳动，她不但使我摆脱了日常家庭事务，还直
接帮助我完成了初稿的誊写及插图的清绘工作。

俞孔坚于燕园

1997 年 12 月 23 日

2019 年 9 月 28 日再版修订

『妈妈，观音是男的还是女的呀？』小孩望着圆通宝殿中的神秘塑像疑惑不解。

『当然是女的』，妈妈回答道：『你看她那秀美的脸庞和漂亮的装束，据说观音出家前还是一位公主呢。』

『不对，观音是男的，他还是一位勇猛丈夫呢。』父亲的回答也没错，《华严经》上就是这么说的。

『阿弥陀佛，观音是男是女，非男非女也』，长老闭目合掌，喃喃而语。

古今中外论风水

地理有书始于黄石（秦末汉初），续于郭璞（晋），盛于杨公（杨筠松，唐），厥后伪书杂出，假冒名公（将国，清）。20世纪50年代之前盛行于中国大陆，此后久禁不绝。中国台湾、中国香港，以及东南亚各地更是盛行之（Feuchtwang，1974；Bennett，1978，Lip，1979，1986; Skinner，1982）。甚至在美国如纽约和华盛顿诸大都市，笃信风水之术者也不乏其人。究其原因，学者们莫衷一是。浏览一下诸多学者的观点，对明确本书之立论和定位是十分有益的。

西方对风水的关注和研究从 Yates（1868）至今，已有150多年的历史。但在不同时段中，风水却受到完全不同的待遇。除个

别以外（如 Johnson，1881 和 Schlegel，1890），绝大多数早期基
督教传教士和殖民者都把风水斥为巫术（Black art）和迷信或行骗
之术（De Groot，1897，p.938）。风水是所有近现代工程的最大
障碍，包括在西方看来是国家发展所必需的工程项目如铁路交通、
桥 梁 建 筑 等（Edikins，1872；Eitel，1873；Henry，1885；Dukes，
1914）。有记载，为保卫类似工程的顺利进展，国家不得不派军队
来阻止风水捍卫者的对抗活动（Henry，1885，p.150）。也正因为
早期西方传教士和殖民者对风水的深恶痛绝，导致了对大量珍贵
风水典籍的销毁（Needham，1962）。

　　到了 20 世纪，情况则大不相同，"风水说"不但吸引了越来
越多的西方学者，而且其地位也越来越高。李约瑟充分肯定了其在
中国科技发展中的地位和作用（Needham，1956，1962），米歇尔
（Michell，1973）认为，与其他中国发明创造相比，包括火药、印
刷术和指南针，西方世界对风水的认识和重视是很不够的，其原
因是其他技术很容易与西方原有的物质主义价值体系相兼容。米
歇尔（1973）宣称改变西方传统价值观的时代已经到来，对风水
的认识也应重新确立。

　　贝内特（Bennett，1978）把风水作为一种"宇宙生态学"（Astro-
ecology），肯定了风水概念中强调人与环境的关系哲学。他认为，择
居（风水）理论是以人地关系，甚至是人与宇宙关系为基础的。利普
（Lip，1979，1986）持有同样的观点。他们把风水与现代生态学和地
理学相提并论。风水模型甚至被用于考古定位（Lai，1974）。

有的学者认为中国传统的农业文明有风水的一份功劳
（Michell，1973；Skinner，1982），并把风水与中国的针灸技术相
媲美，而后者的效用却早已被广泛接受。"风水说"也被认为是具
有普遍意义的，适用于东方，也适用于西方（Skinner，1982；Xu，
1990）。罗斯佩斯（Rosspach，1983）把风水作为联系人与环境、
古老文明与现代生活之关键，其中包含着理性的和逻辑的，也包
含非理性和非逻辑的成分。所以，有人认为风水在处理现实问题
时，比科学更具优势（Feutchuang，1978）。

这里值得注意的是，西方学者对风水的态度的升级是与其对
全球环境与生态危机的关注并行发展的。从 1960 年代的全球生物
计划（IBP），到 1970 年代的人与生物圈计划（MAB）和到 1980
年代的全球陆圈—生物圈计划（IGBP），以及从生态系统概念
（Ecosystem）到整体人类生态系统概念（Total Human Ecosystem）
的提出（Naveh and Lieberman，1984; Naveh，1991），现代生态学
家处理人与自然的方式越来越接近体现在"风水说"中的古代中
国人对待人与自然关系的方式，即顺应自然。而"尊重自然的设
计思想"（Design with Nature）被现代西方景观规划设计师作为最
高标准（McHarg，1969），并成为设计专业未来发展的重要理论
支柱（如 Corner，1992）。

至于风水影响下的景观，即使是对风水最刻薄的人都不得不
发出赞美之感叹。如对风水不以为然的斯托尔斯·特纳（Storrs
Turner）叹曰："在中国人的心灵深处必充满着诗意。"（引自

March，1969）李约瑟对中国大地上的风水景观更是充满深情，赞
不绝口（1956，p.361）："任何一个造访过明十三陵的人，都会体
会到风水先生的创造力。"伯尔斯曼（Boerschmann，1906—1909）
则从风水景观看到中国大地之诗情画意。

　　风水的生态功能也为许多学者所承认，包括栖居地的采光、
避风、排水等方面的优越性。风水吉宅可免洪水之灾又不失近临
水源之便（Freedman，1966; Lip,1979; Rossbach，1983; Knapp，
1986，1989，1992）。

　　至于心理和社会学的功效，风水已融入传统中国的整个社
会与某些个人的生活。与群体和家族之认同、个体的形象、社会
和政治活动中的竞争和协作，以及某些群体的社会理念紧紧联
系在一起（Marcel，1922; Yang，1970; Freedman，1966，1969;
Feuchtwang，1974; Bennett，1978; Nemech，1978）。

　　一个可证的论点是，中国人眼中的现实世界不同于西方人
的现实世界（Freedman，1966; Feutchwang，1974），而风水
正是"中国人认识世界、感知世界和处理现实世界的一种方式
（Feuchtwang，1974，p.14）"。这意味着：一方面风水只能从其对
中国人的生活的作用来认识和理解；它超越于西方价值观念和理
论体系之上。另一方面，风水可能反映了西方人体验之外的现实世
界的某些部分；所以，如果将风水模式与西方的模式相结合，有
可能给我们以一条更全面地认识世界、特别是认识我们生活的世
界的途径。

　　我并不想对"风水说"的理论与技术进行讨论，这一任务将主要留给风水先生们和为风水之真伪而争论不休的学者。本书关于风水的一个基本点是：风水是一种文化现象，它超越任何科学的或是其他文化的价值标准，斥之为迷信或高抬其为科学都不足以揭示风水之本质。它有其深层的人类生态和文化生态含义。本书主要从"风水说"所欲设计、构筑或用于解释环境的理想景观模式着手，探索其结构特征和深层意义。我们将会看到，理想风水模式深存于中国人的内心深处，是构筑在中国人的生物基因与文化基因上的图式。而"风水说"则是对这种深层图式的系统的、附和的解释。认识风水之深层意义，对于认识中国人及中国文化之自我，理解中国大地上的景观及其精神，改造和创造更富有意义的现代景观，都具有重要的意义。

第一章

理想风水模式

一、一个无所不在的模式

撇开"风水说"之理论与技术之真伪，我们知道，"风水说"的主要目标是为阴阳宅选一最佳的环境，即所谓的"好风水"。怎样才有好风水呢？"风水说"中始终强调了一种基本的整体意象模式："左青龙，右白虎，前朱雀，后玄武。"这一意象模式的理想状态是："玄武垂头，朱雀翔舞，青龙蜿蜒，白虎驯俯。"（《葬书》）（图4）就山地而言，这一理想意象模式所对应的理想景观为"穴场座于山脉止落之处，背依绵延山峰，附临平原（明堂），穴周清流屈曲有情，两侧护山环抱，眼前朝山，案山拱揖相迎（图5）"。

理想风水模式得以最完美地实现的是在阴宅风水中，一方面阴宅的选址和构筑实质上并没有现实的功利意义（不管"风水说"如何将死者的墓穴风水与活者的福祸吉凶联系在一起，详后）。另一方面墓葬可在广大的自然环境中选择，有很广的选择域，因而，无论从主客观两方面讲，风水理想都得以在最大程度上实现，所以，我们首先考察一下理想阴宅风水的典型案例。

上述理想风水模式在十三陵中几乎得到完满的实现（俞孔坚，1990a，1990b）。它由江西风水名师廖均卿等人花了两年多时间，踏遍北京的山山水水，并最终由朱棣亲自核实优选而得（顾炎武

图 4　理想风水的意象模式（作者绘）。

图 5　理想风水的景观模式（摹自风水典籍）。

图 6   明十三陵之整体风水景观（作者绘）。

《昌平山水记》)。这里燕山余脉回环兜收，如奔腾巨龙突然顿首
回顾。陵园北依军都山，南边龙虎两山护口，多条溪流自周围山
谷流出，汇聚于盆地（明堂）之中，每一陵又缘盆地，各取山环
水抱之势（图 6、图 7）。清代帝王陵寝也具有类似的理想风水结
构（冯建逵，1989；王其亨，1989）。

　　民间祖坟选址虽不及帝王陵园气派，但也都力求实现理想风
水模式。作者在图 8—图 9 中实录了广东澄海县陈氏家族祖坟之风
水景观。该家族闻名于海内外，为华侨巨富之一，兴旺之极。依

图 7 明十三陵之一献陵的风水景观（1985，作者摄）。

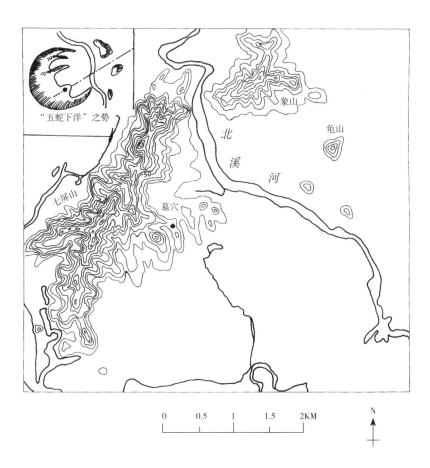

图 8   广东陈氏祖坟风水结构平面图:"五蛇下洋"之势(作者据 1:5 万现状地形和实地考察绘制)。

图 9　广东陈氏祖坟之整体景观（1987，作者摄）。

风水之说，这似乎与其祖坟之风水有关。所以，对其作一详细考察应具有典型意义。坟大致坐西南而朝东北，依七屏山，俯临平原，两侧丘陵拱卫，呈"五蛇下洋"之势；明堂之前为龟象两山锁口，北溪河蜿蜒于前。这一格局与上述十三陵大致相同。

    民间各姓族谱中的祖坟图绘和记载，也都可以看到类似典型的风水结构（图10）。清代抗倭将领赖云台墓（深圳宝安县）之风水铭对此类墓场风水理想化的描绘，有助于我们对理想风水特征有进一步的了解（图11）："鹏山之麓名虎地牌者，乃营葬先大人之处也……由蜈公岭发脉，大气磅礴，蜿蜒而下，顾其上，则层峦叠嶂，耸翠标高；而其下则岳峙渊亭，钟灵毓秀。是亦一阴阳和合之区也。故登斯穴者，辨其形，见其山势超越，俨如虎踞，因遂以渴虎饮水，名之由是，而卜云其吉终焉……"在人力所能及的情况下，还极力通过墓宅本身的结构及其直接环境的改造和一些具有象征意义的人工构筑物来实现风水的某种理想状态（图12、图13）。

    在山地风水基础上，"风水说"又将其理想风水模式推广到平洋风水[1]，即主要以水系来察风水。两者在结构上是一致的，所谓"平洋以水为山"（《天元九略》）"葬山依骨（石），葬地依血（水）"（《归厚录》）。平洋风水的理想模式仍为水之屈曲环抱，顾盼有情。风水佳穴与水的关系不出骑龙（据水在后）、挟龙（倚水在旁）和攀龙（亲水在前）三格，尤以骑龙格为上（《归厚录》）。

---

1 平洋风水：即平原山水，相对于山地风水而言。

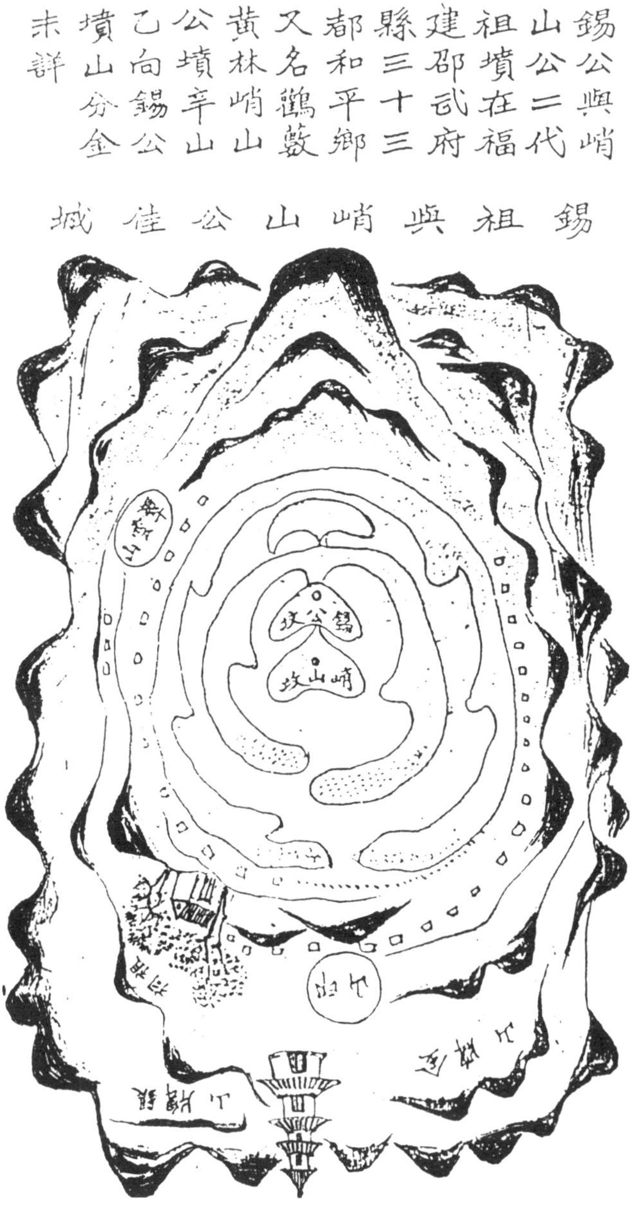

錫公兴岥
山公二代
祖坟在福
建邵武府
县三十三
都和平乡
又名鹤山
黄林峭山
公坟辛山
乙向锡公
坟山分金
未详

锡祖兴岥山公佳城

图 10　民间家谱所绘典型祖坟风水一例（引自《江夏黄氏家谱》）。

王母墟

赖　云

·238

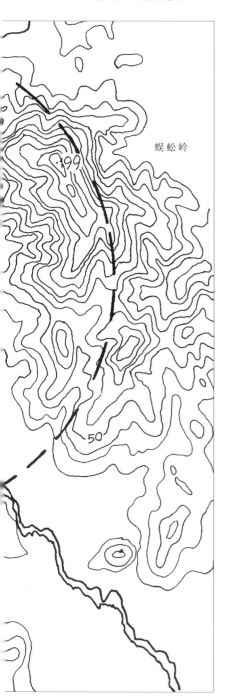

蜈蚣岭

0　　　0.5　　　1　　　1.5　　　2KM

N

图 11　深圳赖云台墓风水铭所描绘
的风水的实际地形（作者据 1 : 5 万
现状地形和实地考察绘制）。

图 12　通过墓穴直接环境的改造，实现某种理想风水结构（1987，作者摄）。

图 13　通过墓宅自身的结构，实现某种理想风水特征（1987，作者摄）。

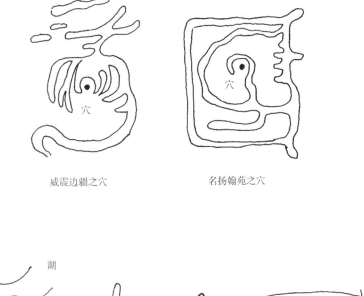

威震边疆之穴   名扬翰苑之穴

名显皇都之穴   翰史荣华之穴   贵雄千乘之穴

图 14 理想平洋风水的几个典型模式（据《归厚录》）。

图 14 为平洋择穴中的几个理想模式。可见它们与上述山地模式出自一辙，具有同构性。

　　一例典型的平洋风水是广东澄海县华富乡郑皇达信衣冠冢的选址，郑皇为泰国五大帝之一，祖籍华富乡，幼随父居泰国，后当了皇帝。建于清乾隆年间的衣冠冢，周围景观虽有些改变，但大体风水结构清晰可辨。墓坐西向东，为骑龙格，背依湖水，墓穴伸入水中呈半岛，四周沟湖缠绕（图 15、图 16）。

　　阳宅的理想风水与阴宅出自一辙，所异者只是形局大小不同（《天元九略》）。但是，与阴宅相比，阳宅的选址和构筑则明显地受到功利性的约束（如交通条件、邻里关系等），自由度当然也不及阴宅风水大，理想风水模式的实现程度自然要比阴宅低。为使理想与现实取得协调，便通过一些具有象征意义的风水小品如亭、桥、阁、塔、门和诸如风水林、池塘等来使自然风水结构实现理想化。

　　皖南黟县宏村的风水结构具有村落风水的普遍性（图 17、图 18）。考察中国民间的族谱，可以为我们总结村落选址和规划中的理想风水模式提供丰富的资料，在这方面已有人做了很多的工作（何晓昕，1990），此处不做更多的讨论。其最基本的理想模式仍无非是枕山、环山、面屏（图 19—图 24）。在此基本模式之下，可以看到中国山区盆地中村落分布的整体特征（俞孔坚，1991）。

　　至于城市理想风水，已有许多学者进行了探讨（戚珩、范为，1989；堀逾宪二，1989；卢明景，1990；于希贤，1990），其模式本质上与村落风水模式及葬穴模式无异。在同一个风水解释和

图 15　郑皇衣冠冢风水景观理想：平洋风水的典型（1987，作者摄）。

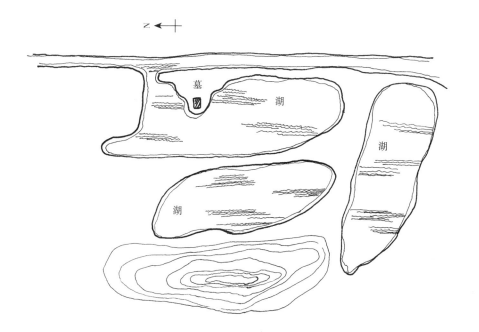

图 16　郑皇衣冠冢风水景观示意（作者据实地考察估测）。

图 17　皖南宏村风水景观（1985，作者摄）。

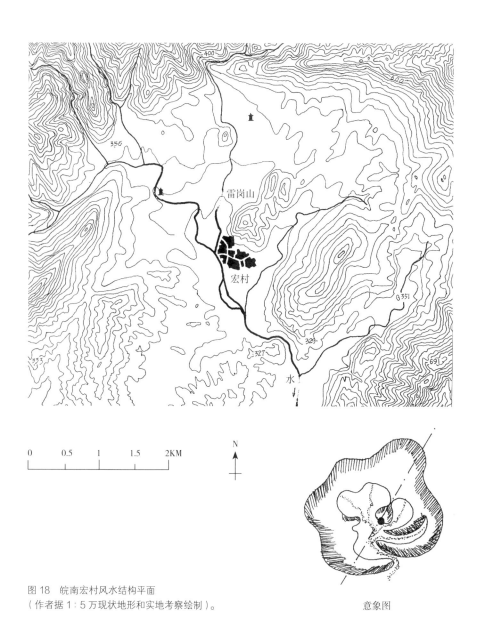

图 18　皖南宏村风水结构平面
（作者据 1 : 5 万现状地形和实地考察绘制）。

意象图

图 19　理想阳宅风水模式（作者绘）。

图 20 典型村落风水景观（广东仁化，1987，作者摄）。

图 21　村口的水口林：通过地形设计和植被，进行风水的优化（安徽徽州琶塘村，2019，作者摄）。

图 22　村口的水口林与土地庙的结合，营造良好风水（江西婺源严田村，2018，作者摄）。

图 23　水口林与水塘、石埠及土地神龛的结合（安徽徽州西溪南村，2018，作者摄）。

图 24　村口的半月池被赋予吉祥的风水含义（江西婺源许村，2017，作者摄）。

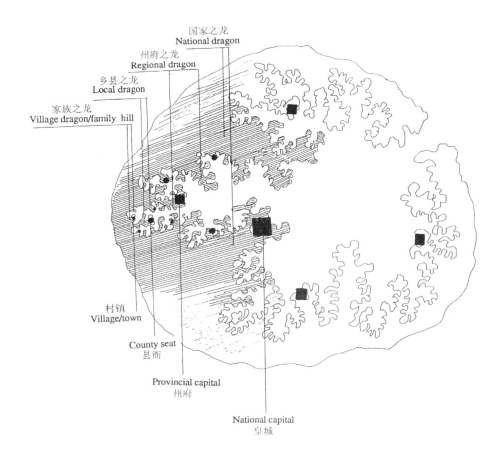

图 25 中国大地上回绕城市选址而形成的风水 "分形" 格局 (作者绘)。

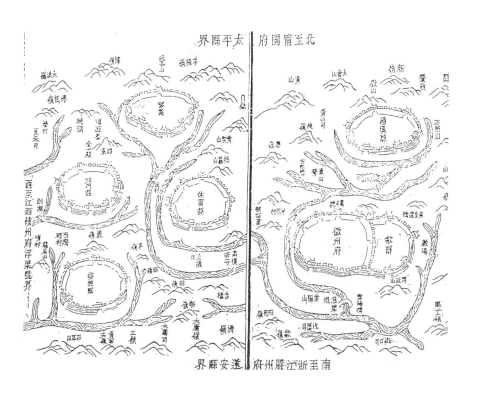

图 26　安徽省州府县城风水空间格局（清，《安徽府志》）。

图 27　四川阆中古城的理想风水景观，三面环水，建城 2300 多年，号称具有最佳风
水的城市之一（2003，作者摄）。

操作模式下，从国家之首都到州府县衙，整个中国大地形成某种风水"分形"格局 (Fractal pattern)（图 25—图 27）。

最后，作为寺庙选址和构筑中的典型风水格局，我们不妨考察一下天童寺的整体景观结构（俞孔坚，1991）。尽管和大多数佛教寺庙一样，天童寺也始于云游说法僧人的岩居，与"风水说"本身并无直接关系，但后来却作为一个理想的风水景观被行家所赞誉（见何晓昕），则至少可以说它符合了理想风水模式。所以，对其进行考察是有典型意义的。天童寺位于宁波市东南部太白山下，已有 1700 余年的历史。规模宏大，为禅宗五山第二，被日本禅宗曹洞宗尊为祖庭。在面积约 20 平方公里的范围内，太白山主脉山脊"委蜿自复，环抱有情"，围合成一山间盆地，只在西侧有一豁口（水口）与外界相联系。山脊海拔多在 400—500 米之上，堪称形止气蓄之地。寺坐北朝南，依太白峰为玄武。自主峰东西两侧分出数脉，逶迤南下，环护两侧，侧脉之间水流屈曲有情，汇于盆地（明堂）之中。至于土厚水丰，植被茂密则更是其他地方所罕见。为了聚气，于四周之护沙、水口及案山广植竹木，对庙前水流进行了人工处理，使之屈曲环护于前，并挖内外"万工池"，蓄水以阴地脉。此外，完全人工设计的曲折香道，两侧茂林修行形成了一条长达 2 公里的"深径回松"香道。在良好的自然风水整体景观之中，人工活动又使风水更符合理想模式（图 28、图 29）。同样的结构我们也可在北京西山各寺庙选址中见到（图 30、图 31）。

如此等等，不一而足。如果抛开一些繁杂的格式，透过种种象

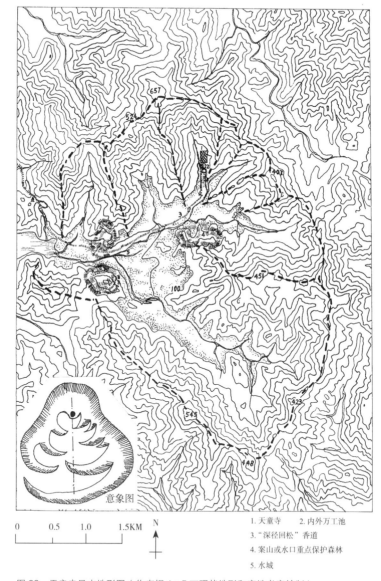

0 0.5 1.0 1.5KM N

1. 天童寺 2. 内外万工池
3. "深径回松" 香道
4. 案山或水口重点保护森林
5. 水城

图 28 天童寺风水地形图（作者据 1：5 万现状地形和实地考察绘制）。

图 29 天童寺风水景观（1987，作者摄）。

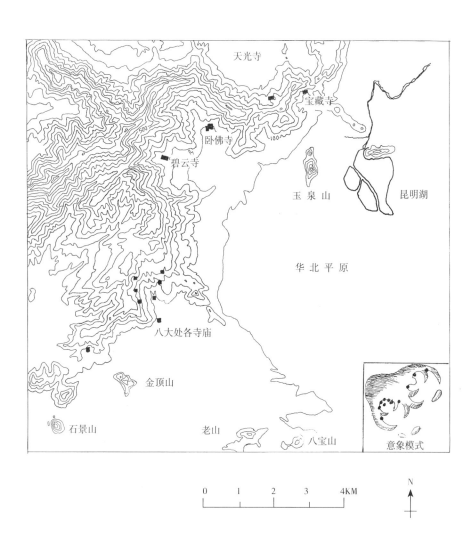

图 30　北京西山各寺庙的整体景观地形（作者据 1∶5 万现状地形和实地考察绘制）。

图 31　碧云寺整体景观（1985，作者摄）。

征性的风水符号和出于某种现实功利目的的附会，我们就可以看到一个永恒不变的理想模式几乎贯穿于一切风水活动之中，从未来生活世界的选择到现实生活空间的设计，从皇帝到平民，从世俗到神圣，似乎无不在追求这样一个理想的模式。千百年来，这个模式在中国大地上铸造了令人赞叹不已的人文景观（Boerschmann，1906—1909; Needham，1980)。

二、理想风水模式的基本结构特征

从上述理想风水模式及一系列典型的风水景观中，我们可以看到两类基本的特征，第一类是资源特征，即山清水秀、土地肥沃、阳光充足、植被茂密等。这类特征具有直接的现实功利意义，可以称之为现实的农耕生态因子。

第二类属于景观的空间结构特征，它们并不都具有现实的功利意义，甚至对现实的物质生产和生活具有消极的意义，通过它们，我们可以认识理想风水的更深层的意义，这些基本的结构特征包括：

（一）围护与屏蔽

理想风水的明堂[1]四周"众山维维如城关，所以保障龙气也"，

1　明堂：风水术语，指墓前地气聚合的地方。即风水穴位前的空地。

即所谓罗城周密。罗城[1]之内又有水城[2]："明堂上溪涧沟浃，关阑龙气，有如城之为保障……水城贵环抱征聚。"（《山龙类语》）在此罗城、水城之中，穴之两侧又有护沙环抱；前有朝山、案山为屏，构成了一个多重围护与屏蔽空间。除自然的围护与屏蔽结构外，人工构筑的围墙、照壁、穴场四周的风水林，则大大强化了围护与屏蔽功能。

（二）界缘与依靠

理想之穴必取依山傍水之势，最宜于山脉止落之处，明十三陵园处在华北大平原之边缘一隅而各陵又取势于十三陵盆地之边缘，便是典型之例。北京西山各寺庙选址也多有此特征。至于平洋风水中的骑龙、挟龙和攀龙三格，无不界依于水。

（三）隔离与胎息

理想风水结构中，穴与周围基相景观（Matrix）之间形成某种空间上的隔离与对比，大山中求小山，小山中求鹤立于鸡群者，从而使穴场相对独立。穴场或深入水中形成半岛，或四周流水缠绕而成岛屿。穴虽有"窝、钳、乳、突"四类，而又以"突"为穴星之总的理想特征，所谓"凡穴星起顶皆谓之突"，"穴不起顶

---

1 罗城：为加强防守，在城墙外加建的凸出形小城圈。此是由周围的山构成的围合景观。
2 水城：由水构成的围合景观。

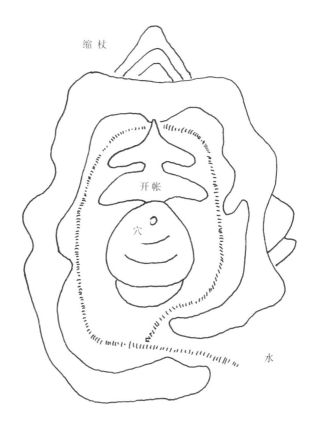

缩　杖

开　帐

穴

水

图 32　缩帐与胎息（摹自风水典籍）。

非真穴"（《撼龙经》将国注）。即穴乳突于明堂之上，"如盘盛杯，
如茵籍足"，俯瞰明堂，环视罗城。穴虽依靠祖宗父母之山，但枕
山必须"结咽束气"，"呈蜂腰鹤膝"，似绵又断，这就是所谓山
龙之胎息（图 32）。"胎"即穴场源自祖山、父母山怀胎分枝而出。

图 33 典型胎息形成的隔离结构，相对独立的寺庙穴场：河南安阳、小南海（1991，作者摄）。

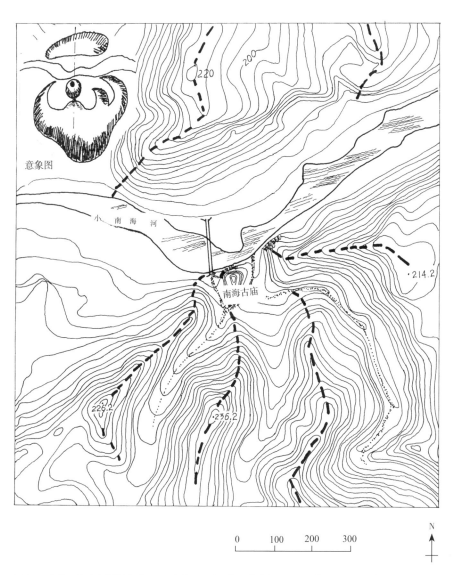

意象图

小　南　海　河

南海古庙

·214.2

·226.2

·236.2

0　　100　　200　　300

N

图 34　典型风水胎息结构地形图：河南安阳、小南海（作者据 1:1 万现状地形和实地考察绘制）。

图 35　典型胎息结构：达濠开发区整体风水景观（1987，作者摄）。

"息"则指穴自父母山孕育之后，而有出息，脱离父母山再起玄武
脑而后结穴。除上述各实例外，由胎息而形成的隔离特征在图33、
图34所示案例中更显而易见。

　　就水龙而言，则"龙以杆行，穴以枝结"。大江大河奔腾一
泻千里，只不过是公龙过客而已，无以成胎息。大湖大荡"其势
散漫，虽居中正，犹难聚气……如外荡阔大，而有一隅内蓄小荡，

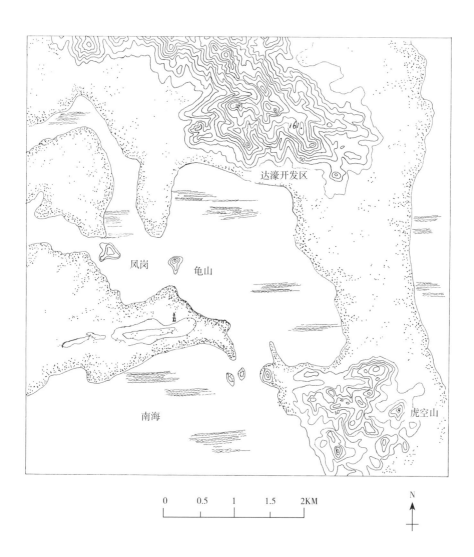

图36 典型胎息结构：被称为贵地的汕头达濠开发区风水景观地形图（作者据 1：5 万现状地形和实地考察绘制）。

则与嗑水入口相似。又如外荡直奔，而有一隅稍稍曲入，其间即
有沙角关阑。外来众水于此驻足，是即大荡为杆，小荡为枝，大
荡为漏道，小荡为息道，即是龙胎，乃为贵地"（《归厚录·巨浸
章》）。一个典型的案例是被风水行家称为贵地的汕头达濠开发区
（图35、图36），南海巨浸在此形成一港湾，成为相对独立的空
间，又有龟蛇两山锁口。

（四）豁口与走廊

罗城围护中的明堂和沙水环抱中的穴场，绝不是完全封闭不
透的，在此层层围合的理想空间中，有水口和气口与外界相联系。
水口为"水既过明堂，与龙虎案山内外诸水相会合流而出之处"
（《山龙类语》）。一般可理解为罗城之豁口或门护。水口忌空阔直

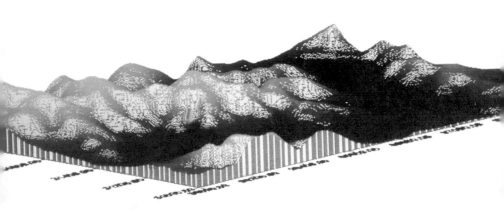

图37　深圳宝山墓园风水景观三维电脑模拟图（作者绘）。

图 38　通向幽蔽寺庙的甬道（1987，作者摄）。

泻，泄漏堂气，喜紧狭回顾，玉辇捍门。水口两侧之关山称水口星，其中高峰绝立者为捍门星，最宜交牙紧闭，关阑水口。上述案例中的龙虎、狮象、龟蛇等各对山峰即构成理想的关阑之势。水口之外，宜有罗星，所谓"水口如咽，罗星即舌"。穴也需有穴口，否则便为死气一潭，"穴口呼吸，必向虚处"（《山龙类语》）。图 37 为作者主持设计的深圳宝山墓园对穴口（气口）之考虑。穴口之左侧为白虎山，右为青龙山，透过穴口，一草泽丰茂的山间

图 39　天童寺的"深径回松"香道（1987，作者摄）。

盆地豁然再现，朝山案山远近朝揖，妙不可言。

豁口在空间上的延伸便形成走廊，它可以是完全自然的河谷走廊或溪涧，穿越重重罗城将明堂与外界相连，也可以是人工的或通过人工对自然原有结构强化而形成，如十三陵中连接各陵、贯穿明堂的神道。幽蔽的寺庙道场常常通过曲折的石阶甬道与外界联系（图38）。天童寺中的"深径回松"香道便是一典型的人工走廊（图39）。

（五）小品与符号

除上述几种整体结构特征外，风水中往往通过一些具有象征意义（也或兼有种种功能）的小品和风水符号来实现或强化风水的某种理想特征。如塔、亭、牌坊、石敢当、照妖镜、符镇图案、护门神之类。在民居或宗教建筑中常用的"歪门斜道"，也是补救和改进风水而进行的符号化设计（图40—图42）。

上述这些理想风水景观的结构特征不能简单地从现实的功利意义或农耕生态意义上来解释，特别是在阴宅风水中更是如此。如果我们可以肯定阴宅风水中的"气感而应，鬼福及人，父母遗骨得生气而返生，则后代也可乘生气而福禄永贞"的逻辑是荒谬的（详后），那么它们的意义又何在？这个无所不在的模式又来自何处？在回答这些问题之前，我们先看一下独立于"风水说"，或先于"风水说"而形成的其他几种理想景观模式及其结构特征，以此来证明理想风水模式来源于中国人的内心深处，它有着更深层的意义。

图 40　风水小品与符号：八卦图（1987，作者摄）。

图 41　为了规避"煞气"或迎接好风水而设计的歪门（2019，作者摄）。

图 42　为了规避"煞气"或迎接好风水而设计的斜道（河北涉县中皇山下的朝元宫，2019，作者摄）。

第二章

绝非偶然的同构

——源于中国人内心深处的图式

一、中国人心目中的仙境和神域模式

宗教信仰和神话不但表达了人们的社会理想，也表达了景观理想。我们将着重通过几个高度典型化和抽象化的理想景观模式来考察中国人心目中仙境与神域的整体特征：

（一）昆仑山模式

无论是在上古神话中，还是在道教传说中，昆仑山都被中国人作为可望而不可即的神山仙境加以描绘，并不断加工提炼，终于使它成为一个能满足人的一切欲望，甚至可以使人不死的理想境域："海内昆仑之虚，在西北，帝之下都。昆仑之虚，方八百里，高万仞。"（《山海经·海内西经》）"其山之下，弱水九重，洪涛万丈，非飙车羽轮不可到也。"（《古今图书集成·神异典》）原来昆仑山竟是一高峻的孤岛。在此高峻的孤岛之中"有增城九重，其高万一千里百一十四步二尺六寸。上有木禾，其修五寻，珠树、玉树、璇树、不死树在其西，沙棠、琅玕在其东，绛树在其南，碧树、瑶树在其北。旁有四百四十门……北门开以内（纳）不周之风。倾宫、旋室、县圃、凉风、樊桐在昆仑阊阖之中，是其疏圃。疏圃之池，浸之黄水，黄水三周复其原，是谓丹水，饮之不死"。河水、赤水、弱水、洋水，"凡四水者，帝之神泉，以和百药，以润百物……"（《淮南子·形训》）又有《楚辞·天问》云"昆仑县圃，其尻安在？增城九重，其高几里？四方之门，其谁从焉？西北辟启，何气通焉？"此外，《山海经》传："昆仑之虚……面有九门，门有开明兽守之。……开明兽身大类虎而九首，皆人面……"开明兽之东南西北各有珍禽异兽护卫。

如果我们抛开种种描述上烦琐和不统一的夸张之辞，便可以看到，这种种传说无非在表达昆仑山的以下几大特征：

1. 空间隔离：高万仞，为洪涛万丈所阻，非羽仙不可至。

2. 围护与屏蔽：增城九重，帝宫仙阙均在阆阖之中，四水浸绕其间，四周奇木匝护。

3. 门护与豁口：城为重门所护，门又有神兽守卫，北门开以纳不周之风。

4. 资源特征：有不死之水、不死之树、不死之药和各种珍禽异兽。

（二）蓬莱模式

中国神话中的另一仙域模式是海上仙岛，有"三山"或"五山"之说。"三山"即蓬莱、方丈和瀛洲，"此三神山者，其传在渤海中，去人不远；患且至，则船风引而去。盖偿有至者，诸仙人及不死之药皆在焉。其物禽兽尽白，而黄金银为宫阙"（《封禅书》）。"五山"则还包括岱舆和员峤二山。关于"五山"，见

《列子·汤问》:"渤海之东不知几亿万里，有大壑焉，实为无底之谷……其山高下周旋三万里，其顶平处九千里，山之中间相去七万里，以为邻居焉。"诸仙山俗以蓬莱概而名之，故可称为蓬莱模式，蓬莱"对东海之东北岸，周回五千里。外别有圆海绕山。圆海水正黑，而谓之冥海也。无风而洪波百丈，不可得往来……唯飞仙有能到其处耳"（《十洲记》）。

我们可以看到，这东部海中蓬莱仙境与西北部之昆仑仙境，竟都有一些趋同化的结构特征：高峻的山体，被重洋所阻的岛屿，非羽仙不可及，还有珠玉、黄金及珍禽异兽等珍贵的资源，这恰好说明了，中国人心目中的仙境是几千年来，中国人对理想景观的典型化、模式化的结果。

（三）壶天模式

中国道教神话和传说中，还以"壶天"或"洞天"为仙境。"壶"即葫芦，在古代是最常用的容器，我国各民族都曾有人出自葫芦的神话（刘尧汉，1985）。道家之"壶天"原本为葫芦之内腔。据葛洪《神仙传》，有仙人称壶公者，悬壶（葫）卖药，夜则归宿壶中，有人随壶公入，见其中神仙世界，楼台重门阁道。这壶天仙境的鲜明特点是狭小的壶口和阔大的壶腔。

此外，"三神山"也被称为"三壶"。据《拾遗记》:"三壶，则海中三山也。一曰方壶，则方丈也；二曰蓬壶，则蓬莱也；三曰瀛壶，则瀛洲也。形如壶器。"从《三才图绘》之蓬莱山图，大

图 43 蓬莱模式（摹自《三才图绘》）。

概可摹其状（图 43）。所以，除了口小腔大的特点之外，这壶天还是悬于空中或漂于水上的，这自然又多了一层不可逾越的空间。

　　与其他神仙境域相比，这口小腔大的葫芦式仙境似乎更为道教所偏好，凡中国大地神仙居住游憩之地，皆名为洞天，世人所熟知的三十六洞天、七十二福地，大凡都取壶天模式（图 44、图 45），并通过人工构筑，强化这种结构（图 46）。

图 44　洞天福地一例：广东罗浮山冲虚观的整体景观（1990，作者摄）。

图 45　洞天福地一例：广东清远飞来峡整体景观（1990，作者摄）。

图 46　强化壶天结构（1990，安徽齐云山，作者摄）。

不难看出，上述三种仙境模式各有其鲜明的特点，昆仑模式强调了高峻险绝的隔离特征，蓬莱模式强调了海中孤岛的隔离特征，壶天模式则突出了四壁回合的围护与屏蔽特征和一个小得不能再小的豁口。同时，三者之间又有趋同化的特征，它反映了中国人对心目中的仙境的理想化和抽象化过程。

二、艺术家心目中的理想景观模式

艺术家描绘和设计的景观所包含的理想成分当不亚于仙境神域，当然，神山仙境本身又何尝不包含历代艺术家的加工与美化的成分。这里，我们只需考察几个具有深刻影响的典型的理想景观模式，便可知中国艺术家心目中理想景观模式的基本结构特征。

（一）陶渊明模式

陶渊明在构建其和平与安宁的乌托邦社会模式的同时，也设计了一个理想的景观模式：缘溪行、夹岸桃花，水尽山出，其上一洞穴仿佛若有光；入洞蛇行，先狭后宽，豁然开朗，其中阡陌纵横、别一世界，等回访时，却再也无处可寻了。这是一个高度理想化的山间盆地景观模式：一条长长的溪谷走廊，一个仅容一人蛇行的豁口和一个豁然开朗的洞天（图47、图48）。这一"走廊＋豁口＋盆地"的世外桃源为历代文人墨客所寻访和追求，获得了最广泛的共鸣，并反复作为中国文人山水园之主题，甚至在

图 47 一个现实版的桃花源的入口（2018，云南坝美，作者摄）。

图 48   一个接近于桃花源模式的山间盆地（1985，广西，作者摄）。

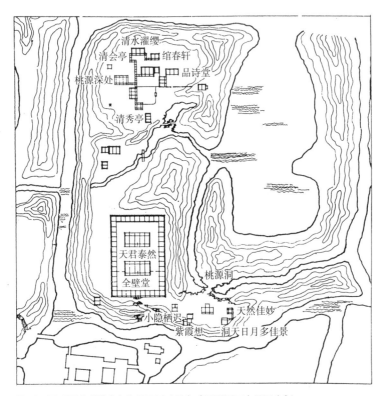

图 49　圆明园"武陵春色"平面图（引自《圆明园四十景园咏》）。

皇家园林中再现（图49）。作者曾以"葫芦中的无限天地"为题，指出中国园林的一个基本结构乃是葫芦，在葫芦式的理想景观中构筑园主人的社会理想（俞孔坚，1993）。它能获得如此广泛而经久不衰的共鸣，说明了中国文化中浓烈的隐逸成分和追求美好社会的理想，同时，也生动地反映了中国文化对这一"带柄的葫芦"（走廊＋壶天）景观模式的偏好。

（二）丘壑内营——中国山水画中的理想景观模式

中国山水画强调气韵，主张外师造化，内得心源，"画家六法，一气韵生动，气韵不可学，此生而知之，自有天授。然亦有学得处，读万卷书，行万里路，胸中脱去尘浊，自然丘壑内营，立成鄞鄂，随手写生，皆为山水传神矣"（董其昌《画禅室论画》）。丘壑内营的构图法被认为是中国山水画之一大特点（伍蠡甫，1983）。古代山水画家以心接物，借物表心。在方寸画纸上表达舒展自己的理想。所以，从山水画之杰作中，我们可以看到中国艺术家那种"生而知之，自有天授"的传真的景观理想。这种理想，从某种意义上说是栖居地的理想："山水有可行者，有可望者，有可游者，有可居者……但可行可望不如可居可游之为得。何者？观今山川，地占数百里，可游可居之处，十无三四，而必取可居可游之品。君子之所以渴慕林泉者，正谓此佳处故也。故画者当以此造，而鉴者又当以此意穷之。"（郭熙、郭思《林泉高致》）无论是作画或赏画，实质上都是一种卜居的过程。

中国山水画艺术自东晋顾恺之将其从人物背景中分离出来，并经唐代的独立发展之后，到五代和宋初在技法和构图上都基本趋于成熟，为后代山水画发展奠定了基础，完成了中国山水画史上的一次巨变（潘天寿，1983）。在这一变革时期的画家中，犹以荆浩、关仝、董源、巨然等画家之影响最为深远："论者谓前之荆关，后之董巨，辟六法之门庭，启后学之曚瞆，皆此四人也。"（郑午昌，1985）所以考察这些百代宗师的代表作，可以发现最近于

心源或远离模仿的理想景观模式。而他们之所以为后代所效仿和
临摹，本身也说明了他们所抒发的理想景观（栖居地），获得了广
泛的共鸣。这些宗师之中，又当首推荆浩，他跨越于唐与五代整
个变革和过渡时期，起到了承前启后的作用。

荆浩为河南人，隐居南太行山林滤山之洪谷，自号洪谷子。
其画以大山、大树、全景式水墨画为特点。从其构图中我们可以
看到其所营构的栖居地或潜在栖居地的理想特征（图 50）。通过
荆浩卜居地林滤山一带典型景观的分析，我们可以更好地认识荆
浩模式的这些特征。图 51 为南太行山林滤山一带典型的峡谷景观。
由于向源侵蚀作用，沿河谷走廊两侧形成一系列的围谷，成为一
种串珠式的结构（俞孔坚，1991a，b）。岩性的差异使得围谷之岩
壁形成多个台阶面，每一台阶面上都各有山居，从而使每一居落
都俯临深涧，背依绝壁，环顾四周，皆为险峰所围，上下各层台
阶面之间只有险道可通。而岩壁的差异分化，又形成了可以栖身
的洞穴，它们与白云生处的山居一样，高踞悬崖绝壁之上，形成
了空间上的隔离，身处暗处，眼前翠峰如屏。

简而言之，上述南太行山峡谷景观中，存在着"入画"的栖
居地（山谷中及各层剥蚀台阶面上的山寨）或潜在的栖居地（悬
岩、洞穴），它们背依险峰，断崖绝壁围护，葱林荫蔽，唯溪涧或
岩隙险道得以通达。这种典型的景观特征在荆浩的《匡庐图》中
都得到了完美的再现。这里，我们似乎可以看到，从艺术家的择
居到其作品的"丘壑内营"，因此唤起欣赏者的共鸣，而后又为

图 50　荆浩模式:《匡庐图》的整体构图（作者解析）。

图 51　河南林滤山典型峡谷景观：围谷（1988，作者摄）。

后世百代所摹传。其间似乎存在着一种内在的作用力，这种内在的作用力正是中国人内心深处的景观理想。

关仝师法荆浩，从其作品可以看出他们在构图上的相似性，不管这种相似性是由于师承关系，还是一种"内得心源"的不谋而合的创造，都反映了艺术家的共同理想和追求。关家山水"四面斩绝，不通人迹。而深岩委涧，有楼观洞府、鸾鹤花竹之胜。杖履而遨游者，皆羽毛（衣）飘飘，若仰风而上征者，非仙灵所居而何？"（李方叔《德隅斋画品》）。这里我们似乎又看到了上述仙境神域模式。荆关画风又被北宋的范宽、李成、郭熙等人所师法，被发展成为北宋及后代最有影响的画派之一。虽在技法上历经发展和变革，我们仍能发现其构图上的一种似曾相识的基本模式（图52、图53）。后人对倡议以可居性为最高标准的郭熙的作品之评论，道破了这种模式的基本特征："巨障高壁，长松巨木，回溪断崖，岩岫巉绝，峰峦秀起。"（吴守明《佩文斋书画谱》，1988）

上述荆关画派领导着北方画风。董巨画派则为南派山水之正传，其对中国山水画的影响与荆关相伯仲，宋、元、明、清的许多杰出的画家都师其法，"及至明清，凡论山水者无不对董巨推崇备至"。通过对其代表作之考察，我们可以发现董巨两位艺术巨匠所营沟壑背后的心理模式，以及这些作品所能引起后代中国艺术家广泛共鸣的内在结构。图54为董源之代表作《潇湘图》：广阔的水面，一个以疏林草地为植被特征的半岛延伸入水中，另一半

图52　范宽《溪山行旅图》的构图（作者解析）。

图 53　郭熙《早春图》的构图（作者解析）。

图 54   董源《潇湘图》的构图（作者解析）。

岛环护于一侧，并从阔大水面中隔出一隅水湾。在这里，水面构
成了空间的隔离，而一只小小的渡船则引入了一种在不损害隔离
前提之下的内外联系（某种意义上与豁口和走廊的功能相同），居
室处在一种所谓的生态过渡区（边缘带），表现出对山水的依靠
与界缘特征。在巨然的代表作《秋山问道图》中（图55），栖居
地的围护与屏蔽、隔离、界缘及豁口与走廊特征表现得更为明显。
我们已经看到，尽管北方画派与江南画派在表现技法及表现的景
观对象上有很大的不同，但其"丘壑内营"的作品中的基本构图
模式（可居景观的营构）本质上是一脉相承的。

　　如果说，在陶渊明模式中，理想景观还仅仅是作为一个安宁平静的理想社会的舞台的话，在荆关模式和董巨模式，乃至以后山水画的"丘壑内营"的构图中，我们则看到山水艺术家已完全摆脱了社会而置身于自然之中。山水中的执杖者，渔翁就是"我"。山水中的庇护所（包括潜在的凹谷、洞穴、悬崖、平台等）便是"我"的栖居地。更有甚者，从这几个模式中，我们看到艺术家几乎已摆脱了景观的任何功利成分，桃花源中的良田、美池、桑竹之类，阡陌交通、鸡犬相闻等带现实功利意义的景观特征均不予表现，而通过山水之营构，表达一种发自内心的"生而知之，

图 55 巨然《秋山问道图》的构图（作者解析）。

自有天授"或"脱去尘浊"后的理想境界。山水画也因此成为"人化的自然"，成为人的心灵的外化。这正是中国山水画之独特的美学标准（皮道坚，1982），从这个意义上讲，中国山水画中对可居景观的营构，应具有最多的理想特征。以此为镜，我们可以进一步认识上述其他模式中的景观理想特征。

（三）统计心理学的理想景观模式

用统计学的方法来测量人们对景观审美的偏好，是探讨和分析理想景观模式的一条更直接而有效的途径。作者以往的研究表明：具有中等以上教育水平（高中以上）的不同背景的中国人之间，具有普遍一致的审美偏好（俞孔坚，1988，1990，1992a；俞孔坚、吉庆萍，1991，Yu，1994）。具有中等以上教育水平的城市居民与教育水平很低的农民之间存在着显著的差异，而这种差异主要表现在对某几类具体的景观类型的审美态度上的不同。如农民对现代化旅游设施、现代农耕景观的审美偏好明显高于非农民群体，但并未发现农民与非农民对景观的空间结构（如围合、豁口特征等）方面有不同的审美偏好。农民与非农民的上述差异可以认为是由于农民的现实功利兴趣所导致的，而知识分子的景观审美偏好带有更多的非功利和唯美的倾向（俞孔坚，1992；Yu，1994）。现实的功利兴趣会掩盖其真实的审美态度（Hull and Revell，1989）。

基于上述的论据，我们至少可以说，中国大学生的理想景观模式，在很大程度上反映了中国人的或中国文化的理想模式。下面是对 87 名大学生所做的心理统计（俞孔坚，1990）的实验结果。
实验用自由式答卷的方式进行。问卷要求被试者用平面示意图，设
计心目中的理想景观，并做一篇字数不限的文字说明。最后，由主
试对所有答卷进行整理归类，得到了一些理想景观的典型模式（俞
孔坚，1990）（表 1 ）。

表 1 统计心理学的理想居住地景观模式

理想居住地景观	典型描述	选中率（%）
A	"居室背山面水，周围树木环抱。""眼前是草地和宽阔的水面，草地上有许多花，水中有白鸭嬉水，使人感到心旷神怡。""一条小路穿过水域通向对岸的树丛，曲折幽深，水中可以游泳，草地上可以休息，林中可以散步。"	72.4
B	"水在房子和山之间，远可观山丘及树林，近可观水中之倒影，一条小路过桥之后，通向山林。"	10.3

（续表）

理想居住地景观	典型描述	选中率（%）
C 	"一条小路穿过树丛，曲折幽深，来到一水面，开阔舒畅。"	5.7
D 	"我想让我的小屋背靠山丘。""我想屋前有片树林……我想屋前有片小小的空地，我可以尽情地活动。""我想道路弯弯，爬过山丘，通向外部世界。""最好有清清的小溪从门前流过。"	3.4
其他		8.2

（表格来源：俞孔坚，1990）

（四）风水表达中国人内心深处的理想图式

上述各个理想景观模式是在不同的背景下产生的，却具有一些共同的结构特征。如果我们将"围合＋豁口"结构形象地比喻作一个葫芦，则昆仑山模式是"高山上的葫芦"，蓬莱模式是"漂浮着的葫芦"，壶天模式是"悬空着的葫芦"，陶渊明模式是"带柄的葫芦"，山水画中的理想可居模式和统计心理学中理想模式是

"山中或山边的葫芦"等。理想风水模式则综合了上述各理想模式的所有结构特征（表2），并通过一些具有象征意义的符号（如亭、塔之类）来弥补，强化某种结构。

表2　风水表达了中国人内心深处的理想景观图式

理想景观模式		主要结构特点	背景
仙境神域模式	昆仑山模式	"高山上的葫芦"（险绝的隔离＋重城围护）	能满足人的一切生理和物质功利需求（包括黄金、美玉、美人和不死药）的实现中难以达到的境域
	蓬莱模式	"漂浮着的葫芦"（岛屿隔离＋壶口＋壶腔）	
	壶天模式	"悬空着的葫芦"（空间隔离＋壶口＋壶腔）	
艺术家的理想模式	陶渊明模式	"带柄的葫芦"（走廊＋豁口＋围合的盆地）	作为乌托邦社会模式的背景，是艺术家超脱于社会和物质功利意义之上的栖居地理想
	"丘壑内营"的可居模式	"山中或山边的葫芦"（山林围护与屏蔽＋险崖或水面隔离＋溪谷曲径的走廊和豁口＋依山傍水的界缘特征）	
统计心理学的理想模式		"山中或山边的葫芦"（林木的围护与屏蔽＋穿越于林中的曲径走廊＋依山傍水的界缘特征）	现代人的居住景观理想
风水模式		综合了上述各种理想特征并通过一些人为构筑物和具象征性符号来弥补或强化某种结构	能带来最大的社会和物质功利性的来世与现世的栖居地

除风水模式外，表2所列的各理想景观模式显然都是超越现实的，无论是否带有某种物质与社会的功利性，这些理想景观都只是虚构的，处在一种不可及的理想状态，它们都似乎来源于中

国人内心深处的一个共同的图式。而"风水说"则表达了这种图式并试图在现实环境中实现这种理想图式，渴望因此会带来现实社会与物质功利目的的最大满足（福禄寿喜、子孙满堂等）。

现在的问题是，中国人内心深处的这个理想图式（理想风水模式）与"风水说"所欲实现的现实的功利目的之间是否存在着现实的结构与功能的关系，"风水说"通过一套气哲学，将生气作为一种功能流（俞孔坚，1991），建立起了因形察气，由景观结构来判定生气的理论与技术体系，显然是一种附会和系统的曲解（详后），不足为凭。现代许多学者则试图从现实的农耕生态功能与风水结构之关系来解释中国人对风水模式的偏好与依赖，诸如背山面水可以挡冬日北来寒风，并迎来夏日南来凉风及处在良好的光照状态等。在某些方面这是可以解释得通的，但仅从这种现实农耕生态功能与景观结构的关系来认识风水模式的意义至少是不全面的，更何况阴宅风水中墓穴之生态环境本质上并不具有任何的现实功利性（除了"风水说"的附会）。

无论从哪个角度讲，一个罗城密匝，仅有狭小水口与外界联系的山间盆地都不具有农耕生态上的优越性。理想风水模式（中国人的理想景观图式）的结构就像一些密码，它们所包含的深层意义，并不能从表面的"字面含义"去理解。那么又如何来认识这些结构的深层意义呢？在下面的几章中，我们将从人类进化过程中的生物生态适应的角度，从历史的生态功利意义与景观结构的关系，来考察理想风水模式中超现实的深层意义。

第三章

从土拨鼠到鲁滨逊

——择居的本能

作为本章的开头，我们不妨摘引西蒙的关于"猎人与哲人"的故事（Simonds，1983，p.1）：

早上猎人带着猎狗和小男孩来到草原深处，他们凝视着出现在眼前的一块高地，上面是一个土拨鼠的聚落（图56）。

"多聪明的土拨鼠"，猎人说，"它们是如此精心安排它们的聚落环境，每到一个土拨鼠聚落，你总会发现它近旁有一片谷子地，因而有取食之便利；总是临近溪流或沼泽，因而有饮水之便。它们绝不在柳树或赤杨林附近安家，因为那里常栖息着可怕的天敌——猫头鹰和隼，它们也不在乱石堆中做窝，那里经常埋伏着另一个天敌——蛇。它们把家建立在土丘的东南坡上，每天有充足的阳光使它们的洞穴保持温暖和舒适，冬天，西北坡的土壤在凛冽的寒风中变得干硬，而在东南坡却有一层厚厚的松软的积雪覆盖着土拨鼠的家宅。当它们打洞时，它们先向下打一个二三英尺的陡坡通道，然后折回在近草根的土层中做窝。冬天可避开寒风而沐浴温暖的阳光，不必远行寻找食物和水，又有同伴相依为伍，它们确有一番精心的规划"。

"我们的村镇也是建在东南坡吗？"小孩深思地问。

"不。"猎人皱着眉头说，"我们的村镇是建在北坡的，任

图56　土拨鼠及其栖息地（1995，作者摄）。

凭冬天寒风的施虐，即使在夏天，凉风也并不施惠于我们。
我们新建的那个亚麻厂，是方圆四十英里中唯一的一个，可
它所占的地点恰恰是夏天每次来风的必经之地，工厂的黑烟
吹遍全镇，吹进我们敞开的窗口"。

　　"但至少我们的镇子是建在河边和靠近水的呀！"小孩力
图反驳。

　　"是的。"猎人回答说，"可那是怎样的靠近水呵！那是
在低洼的河床上呵！每年春天，草原上的雪融化，河水暴涨，
村镇每家的地下室中都浸泡在水中"。

　　"土拨鼠可不会这样，它们在规划自己的家园时，似乎比

人做得更好。"小孩做出了富有哲理的推断。

"是的。"猎人若有所思，"就我所知，大多数其他动物也是如此，有时，我感到奇怪，这是为什么？"

西蒙的故事未免有几分悲哀的情调，给以万物之灵自居的人类及其现代文明以辛辣的讽刺。同时，它把我们引入深沉的思考之中。

一、动物择居的启示

选择什么样的栖息地，如何取得食物，怎样逃避天敌，以及采取什么样的策略繁衍后代，是绝大多数动物所必须回答的问题。其中栖息地选择的成功与否，在很大程度上决定了动物其他三方面行为的有效性，以至于最终决定了物种的兴衰。特定的栖息地即意味着特定的环境条件，它使动物置于特定的自然选择压力之下。所以，在同一物种中，选择不同的栖息地会导致物种内的区域分异，而不同物种对不同栖息地的选择和适应会强化物种间的基因差异（Partridge，1978）。在选择栖息地的同时，动物也塑造了自己。经验遗传使动物对某种栖息地有着特殊的偏好，或者说，祖先们通过基因为后代规范了一个理想的栖息地模式，同时当面临现实的环境时，动物又可以通过经验学习在一定范围内适应新的环境，并为自己的后代修正这个来自祖先的构筑在基因之上的理想模式。许多野外观察和实验室的工作都证明，基于遗传

112   理想人居溯本

的本能，动物都会尽可能地选择各自理想的或接近理想的栖息地。

　　动物理想栖息地的最终判定标准是，栖息地内食物的丰富性，不受天敌的危害，以及能高效地繁殖和养育后代，但在许多情况下，这些最终的判别因素往往很难在其择居过程中直接感知，这就需要动物根据一些眼前所能感知的环境迹象来选择具有长远意义的栖息地，这些作为栖息地选择依据的环境因素常常与最终的理想目标相差很大，有时甚至必须牺牲暂时的利益而满足更长远的需求，这对一些季节性的动物来说，尤其如此。自然选择赋予动物这种能力。上文提到的土拨鼠类动物的栖息地选择中食物及水源是可以直接判定的最终的栖息地选择目标。但对个体不曾经历的冬天的洞穴环境及安全性的选择则表现为对一些间接的景观特征的本能反应（图57）：西北坡＝严酷的冬天；乱石堆＝凶恶的蛇；柳树或赤杨树丛＝可怕的猫头鹰和隼。

　　动物不但在选择栖息地时十分挑剔，有时还不惜时间和精力，改造环境，来使栖息地更接近理想模式。水獭的筑堤蓄水行为已众所周知，它甚至在某种程度上改变河流水系的景观结构（Marsh，1965；Cronon，1984）。在资源有限又相对集中的情况下，动物便会出现护域行为，使其栖息地成为具有排他性的领地。它们通过各种标记（视觉、嗅觉或听觉的）来标识和捍卫自己的领地，并随时向入侵者发动攻击。

　　作为自然人和动物的人，人类又是怎样选择改造和捍卫自己的栖息地的呢？

图 57　土拨鼠对环境中景观特征的吉凶感应（作者绘）。

二、从鲁滨逊的择居看人的择居天赋

　　作为自然人，与动物相比，我们对栖息地的选择和规划，并
不像西蒙在《猎人与哲人》中所嘲讽的"文明人"那样无能和被
动；相反，仅仅从选择而不是改造或创造的能力上讲，人也比其
他动物更精明，更挑剔，也有更多的忌讳。

　　生活在现代文明中，人类的一切动物性行为都被蒙上了厚厚
的文化尘埃，以至于人们难以辨别自己是有天性的生物还是一个
文化约束下的机械。但只要把人类抛到大自然之中，人类的全部
生物特质将充分地表现出来。这种经历大多数现代人都无法直接
体验到。所以，英国小说家笛福便假托鲁滨逊做了一番酷似真实
的漂流，其中道破了人性的天机。文明时代的商人鲁滨逊孤身一
人，落难荒岛，在与世隔绝的环境中，以一个自然人的身份，挣
扎了 28 个年头。他从海里爬上海岛的第一件事便是择居，且看人
类的天性是如何表现出来的（《鲁滨逊漂流记》）（图 58）：

　　　　定了定神，鲁滨逊环顾四周，看看到底落到什么境地，
　　以便决定下一步该干什么。当他发现自己身无一物，身处荒
　　原，而夜色将临，便感到心情沉重，料想自己有可能成为野
　　兽的腹中之物。"我头脑中的一个唯一保全之策是爬进一棵带
　　刺的类似云杉的冠大叶浓的大树，并在树上度过了落难荒岛
　　的第一夜。"

图 58　鲁滨逊的满意栖息地示意图（作者据《鲁滨逊漂流记》描述绘制）。

第二天的头等大事乃是寻找一个安息地："我现在的全部心思是考虑如何保护自己不受可能出现的野蛮人或岛上可能存在的野兽的攻击。就目前处境来说，一块令我满意的地方应包括以下几个方面的条件：第一，卫生，有淡水；第二，免受烈日熏蒸；第三，免受猛兽和野蛮人的袭击；第四，能看见大海，以便在上帝为我派来救生之船时，不至于错过机会。"

"在一座山边我发现了一小块平地，山与平地相接是壁立的陡崖，所以，不会有什么东西能从上面下来袭击我；陡崖边有一像门或洞口似的浅穴。在悬崖前平坦的草地上，我决定搭棚扎寨；草地不足一百码宽，二百码长，像是我门前的草坪，绿茵的尽头呈不规则状延入海滨洼地。该地坐落在山的西北偏北向，所以我可免受烈日熏蒸……"

相好了宅基，鲁滨逊便以浅穴为中心，围了一个半径为十码的双层棚栏，与陡崖一起构成了一个全封闭的居住地。不留一口，只以木梯进出。在此后深入岛中探索过程中，他又找到了食物更丰富，却远离海边的林中栖居地，并在那里建起了"乡间别墅"。鲁滨逊的择居行为，表现了一个自然人的某些心理特质，这也就是《鲁滨逊漂流记》能引起大众强烈共鸣的主要原因，因为他的意愿和行为正是人的意愿和行为，是人种的生物特质。

第四章

中国原始人类满意的栖息地模式

——理想风水之原型

一、从森林到森林草原——景观吉凶意识的进化史观

从上章可见，作为自然人，我们在选择理想栖息地时是如此之挑剔，其对景观的认知能力并不在其他动物之下，从进化与自然选择的规律来讲，这正好暗示了人类是一种曾经接受过大自然最严酷考验和最严格的选择的动物。

大约距今 1500 万年以前，冰川作用使地球的气候逐渐变冷、变干，旧大陆（主要指亚、非、欧三洲）许多地区原先闭合而均相[1]的中新世森林景观变为开阔的异相[2]的森林——草原景观。作为森林古猿成员中的劣者，人类的早期祖先不得不离开有限的森林，放弃了非洲热带丛林的树栖生活而到地面上来，从此开始了人类进化和发展的悲壮历史。目前已有的证据表明，大约在距今 300—400 万年之前的千余万年的时间里，人类早期祖先的分布，都局限在非洲森林草原（热带疏树草原）（图59、图60）。

与湿热森林中的树栖生活相比，陆栖于森林草原景观中的早期人类祖先，面临着更严峻的挑战，可以说，危险和机会同在。

---

1 均相：相对均匀的景观质地。
2 异相：相对非均匀的、多样性的景观质地。

图 59　非洲肯尼亚马赛马拉草原，热带疏树草原景观。人类正是在这样的景观中从猿进化为直立人的，并发展了人类的 "瞭望—庇护" 二元景观的感知能力（Appleton，1975）（2017，作者摄）。

图 60　非洲肯尼亚马赛马拉草原上的孤树，对同时扮演猎人和猎物的人类来说，具有生存的意义，这正是某些景观元素背后的深层含义（2017，作者摄）。

一方面，草原上有异常丰富的猎采资源，食草动物无处不在，水边的小动物和一两年生植物都可以成为猎捕对象。而另一方面，陆栖生活，意味着与草原上和林下的豺狼虎豹处在同一活动面上，人类祖先本身也成为猎捕的对象，而不像树栖时可以高居于虎视眈眈的猛兽之上，从一棵树跳到另一棵树，悠然自得地采食树上丰富的嫩叶和果实。在湿热的丛林中，景观是均相的，缺乏空间结构，浓密的枝叶使树栖者之间能在相互都极隐秘的状态下活动，哪怕近在咫尺也不易发觉对方，所以，通过视觉来感知景观是低效的，从而发展了主要通过听觉和嗅觉来感知景观和辨别对方的能力。藏匿和轻蹑行为成为丛林动物的进化方向。而在疏树草原上，景观是异相的，林中、高草深处、灌丛之中、水中和岩石的背后，无处不潜伏着危险。人类祖先既可看到远处地平线上的猎物和猎手，同时很容易使自己暴露在猎物和猎手的视域之内。它要求人类祖先必须对眼前出现的物体做出及时而准确的判断，以便迅速做出攻击或逃避的反应，这就促使了人类视觉认知能力的进化。只要我们比较一下人类与从未能走出森林的人类远祖的同类们，就可以看出，长达千万余年，占据人类全部进化史的绝大部分时间的疏树草原景观经验，给人类的生理、心理结构的进化和形成起到了莫大的作用。这便是阿普尔顿（Appleton）的"瞭望—庇护"理论（Appleton, 1975），这一理论对我们认识中国人的理想景观及风水有许多启发。

　　单从体质和生理素质来看，人类的确是个劣种：奔跑起来比有蹄类慢，搏斗起来不如食肉类，攀树本领在其他灵长类之下，落入水中则绝不是游泳好手，也没有耐寒动物的厚毛和脂肪层。但正因为这些生理与体质上的劣势，迫使人类通过选择特殊的栖息地和最有效地利用自然景观，来求得生存和发展。这种栖息地或环境条件必须能使原始人类有效地进行下列行为。

（一）庇护

　　生活在地面上的人类祖先必须能利用景观中的某些结构来逃避猎手。化石的证据表明，非洲疏树草原上的人类主要是通过上树和攀岩来逃避天敌的（Geist，1978）。放弃树栖生活后的很长一段时间里，人类早期祖先仍在林缘徘徊，并与树林或山崖保持着一定的距离，以便在草原猛兽迫近之前及时上树或攀岩。在残酷的自然选择压力面前，这种界缘行为显然具有非常重要的适应价值。在远离林缘或山崖的空旷草地上，一两棵孤立树或突兀峻拔的岩石，同样可以成为祖先向草原开拓进程的安全保障和依靠，并可能成为祖先在一定范围内活动的圆心。正是利用树栖生活中遗传下来的攀缘能力，祖先们利用了树与岩体之险峻形成了一种空间上的隔离，把大多数不习于攀缘的食肉类动物拒于咫尺之外。鲁滨逊落难荒岛的第一个晚上就是在树上度过的。

　　人类需要度过一个漫长而寒冷的夜晚，而黑暗中，人类无法看到迫近的猛兽（这正是人类恐惧黑暗的原因）。所以，仅仅通过上树、攀崖来暂时逃避猎手的追捕是不够的，人类祖先还必须有

一个相对安全而稳定的、直接的栖居地。山崖平台或洞穴，当是
最好的选择，并可能筑起围障，使自己处于屏蔽状态，防止肉食
类动物和同类敌手得到栖居地内的任何信息，对猛兽和竞争者来
说，一个不知底细的庇护所是一个潜在的危险地。在极有限的工
具使用能力的情况下，界缘于水体、崖壁等隔离性景观元素，有
利于人类祖先建立高效的庇护所。鲁滨逊的择居行为可作为生动
的说明。

（二）狩猎

有理由认为生活在疏树草原上的人类祖先采用多种方式狩猎，
从最初级的机会狩猎，发展到计划狩猎、合作狩猎和埋伏狩猎等
（Geist，1978）。无论哪种狩猎方式，都是在不同程度上利用自然
景观条件进行的。机会狩猎主要通过回访以前曾经猎获过的地方或
到动物的栖居地，如洞穴来获取猎物，要求人类祖先能从猎物的
部分来判断整体，从景观中的各种迹象来判断猎物是否存在。计
划狩猎则通过轻蹑地迫近动物，在被猎物发觉前的瞬间，突然使
猎物致死，人类厚软的脚掌可能是对这种狩猎行为的适应（Geist，
1978）。显然，猎物与猎人之间一些可供隐身而又无妨于迫近猎物
的景观元素（如巨石、灌丛等）会大大提高计划狩猎的效率。在合
作狩猎中，人类祖先学会了利用断崖和沼泽等自然陷阱，有目的
地将食草动物追赶落崖或陷入沼泽，甚至能使猛犸象这样的大型
动物陷入绝境。考古发现，近十万年前的尼安德特人（古人）就很

擅长此道，他们的聚落常设在断崖和天然障碍附近（Clork，1970，
p.142）。埋伏狩猎对景观结构的利用则更为明显，狩猎必须在动物
迁移的必经之地或稀缺的资源如水源附近，隐蔽起来，等待时机。
在这种狩猎中，豁口（关口）和走廊是最有效的景观结构。这显
然会导致人类对此类结构的特殊偏好（俞孔坚，1990）。

（三）空间辨析和探索

　　作为猎人和猎物双重身份的人类祖先，不但要对景观中出现
的任何物体做出吉凶判断，还需要对空间的吉凶做出判断。在残
酷的猎采时代，迷途正如进入绝境一样，无疑都等于死亡，而人
类的空间辨析能力与其他动物相比，实在相形见绌，不用说那些
跨越海洋，迁徙于大陆南北，每年都能准确无误地回到某一点上
的候鸟、信鸽、猎犬等，人类在这方面的能力，甚至连老鼠都不
如，这就是说人类需要景观应更具有明显的可辨析性。所以，空
间的认知特征诸如标识物、空间的整体性、空间尺度、方位特征
等，无疑也是栖息地和活动空间选择的条件。

　　在漫长的森林草原生活历程中，人类祖先无时不在探索和开
拓新的景观、新的栖息地，正是人类探索和开拓的天性，才使人
类能征服地球的每个角落甚至外部空间。一个缺乏可索性、没有
发展余地的栖息地，会使群体在资源危机和种群扩大时，陷入绝
境。所以，预示新的空间和未来发展余地的景观结构，将成为人
类选择栖息地的条件之一。

（四）捍域

人类在漫长的进化历程中，既有草原大发展、食草动物极度丰富的冰期气候，也有过草原退化、森林侵入和沙漠化、资源极度贫乏的间冰期气候。在后一种情况下，猎采资源普遍贫乏，并局限分布在河谷沼泽沿岸、山间盆地等，由此导致了人类之间的激烈竞争，这便出现了排他性的栖息地（领地），人类也因此发展了护域行为。总体资源的有限性和局部的丰富性以及可捍卫性，是领域行为得以发展的基本条件。领主必须牺牲部分能量用于巡视、标示领地和攻击入侵者，来保证资源的独享权。但如果栖息地内的资源分布较为稀疏，以至于使栖息地空间尺度过大；或栖息地不利于标识和巡视，缺乏防卫性结构，则领主的捍域行为将耗费太大的能量，得不偿失。所以，资源集中而又有护卫战略优势的景观，会备受原始人的青睐。

综上所述，离开树栖生活，而投身于多样化的森林草原景观之中，人类面对残酷的自然选择，从而进化了一系列的适应性行为，发展了相应的景观感知和评判的心理能力，能利用自然景观的某些结构来克服本身的生理和体格之弱势，有效地进行庇护、狩猎、空间辨析和探索，以及开拓新的空间，并能有效地捍卫栖息地，争取资源的独享权。而那些有利于人类上述行为的景观结构，便成为人类赖以生存和发展的栖息地的理想特征，为人类所偏好、所追求（图61—图64）。在此基础上，我们来考察一下中国原始人类理想的（更确切地说是满意的）栖息地模式及其结构特征。

图 61　儿童攀树的偏好源于对猎采与庇护的适应（1985，作者摄）。

图 62　一个缺乏可辨析结构的景观使人的空间运动盲目不定（1985，作者摄）。

图 63　人类对领域结构的偏好源于对捍域的适应（1996，作者摄）。

图 64　探视与窥视的偏好源于对空间辨析与探索的适应（1985，作者摄）。

二、中国原始人类满意的栖息地模式——理想风水的原型

在经历了 1000 多万年非洲热带疏树草原（森林草原）的选择磨炼后，大概在更新世早期（距今约 300 万年），人类祖先便带着他们作为直立人的生理和心理特质，出现在欧亚大陆。出现在中国大地的直立人一开始便置身于复杂的地形之中，从中国大地上目前已发现的原始人类遗址来看，从直立人到晚期智人，大多集中分布在中国的三大自然地理区——东部季风气候区、西北干旱区和青藏高寒区的边缘过渡带（《中国文明史》）。这些过渡地带山峦起伏，河谷纵横，景观类型最为丰富多样，为中国原始人类提供了多种可资选择的栖息地。通过中国原始人类长期生活过的典型栖息地的比较和分析（表 3），我们可以发现，作为中国原始人类满意栖息地的结构特征，这里所谓的"满意"是指在当时可供选择的栖息地中，某一选择是最接近理想模式的。所以，从这些典型的满意栖息地中，我们既可以看到原始人类心目中的理想栖息地模式，也可透视出由于对这些满意而又不尽理想的栖息地的适应而遗传给后代，甚至现代人的理想模式。

不难发现，中国原始人类的满意栖息地与理想风水模式，及其所表达的中国人的理想景观模式之间具有明显相似的结构特征。基于上段关于原始人类对庇护、狩猎、空间辨析和探索及护域等行为的讨论，我们分析一下上述满意栖息地景观结构的主要生态功能：

表 3　中国原始人类满意栖息地的典型结构

原始人类	栖息地的整体景观结构
元谋猿人（早期直立人阶段，距今约 170 万年）	栖息地位于元谋盆地，南北长约 30 公里，东西宽约 7 公里，化石发现地在盆地东山山麓的小山丘上，相对高度 4 米，面积仅 320 平方米。山丘附近地势较高，相对高度 150 米左右，整个地势由东往西南及西北向倾斜。盆地西南侧为蚌河，它经龙川江汇入金沙江。
蓝田猿人（早期直立人阶段，距今约 100 万年）	栖息地为灞河谷地，位于关中盆地的东南隅，东南侧为高峻的秦岭山地，南北两侧皆为陡峭的黄土塬。化石产地为一紧贴秦岭北麓的带状岗垅，前缘高出河床约 100 米，濒临灞河，灞河东南端深入秦岭山地，西北端通向渭河地堑平原（图 65）。
北京猿人（直立人阶段，距今约 20—70 万年）	栖息地在周口店一带，位于华北大平原西北侧的角落中，西北依连绵的高山，东北为起伏的小山丘，南及东南为缓缓南倾的华北大平原。在西北侧山麓的龙骨山前有一相对独立的小山丘，其上有龙骨洞，这便是猿人居住的直接生境。山丘相对高度约 70 米，濒临坝儿河，俯控大平原之一隅；坝儿河经琉璃河与永定河——桑干河走廊相连（图 66）。
马坝人（早期智人阶段，距今约 10 万年）	栖息地位于广东马坝滑石山一盆地之中，其洞穴所在地狮子山是一石灰岩孤峰，高 60—70 米，四周低山环抱，马坝河蜿蜒于盆地之中，后与北江相连，洞穴俯瞰盆地和周围之沼泽地（图 67、图 68）。
小南海文化（距今约 1.3—2.5 万年）	小南海遗址距安阳城西 25 公里，位于太行山与华北平原过渡带，西侧为太行山脉，东为华北平原，原始人洞穴在山前丘陵盆地之中，坐落于北楼顶山之半腰，背面向东，俯临山间小盆地，盆地面积 3 平方公里，沿万泉河经一狭口后与华北大平原相连（图 69、图 70）。
山顶洞人（晚期智人，距今约 1 万年）	与北京猿人的景观相同。

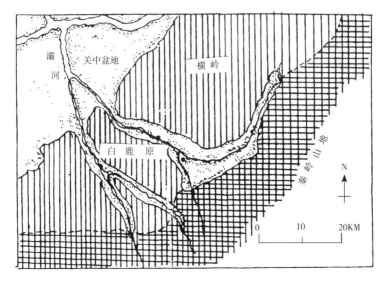

图 65 "蓝田猿人"栖息地的整体景观结构（1990，作者绘制）。

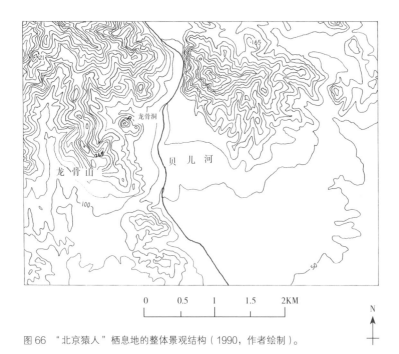

图 66 "北京猿人"栖息地的整体景观结构（1990，作者绘制）。

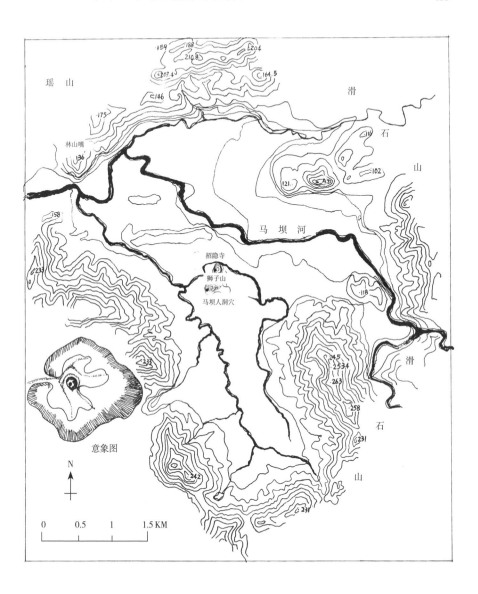

图 67　"马坝人"栖息地的整体景观结构（作者据 1 : 5 万地形图绘制）。

图 68 "马坝人"栖息地景观（1988，作者摄）。

图 69 "小南海文化"遗址景观（1990，作者摄）。

图 70　"小南海文化"遗址的整体景观结构（作者据 1 : 5 万地形图和实地考察绘制）。

（一）围合与尺度效应

表 3 中典型的中国原始人类满意栖息地均地处山间盆地，或河谷，或平原之角隅，都具有一种围合特征。空间尺度都在一定范围之内，视觉上构成一个具有很强整体感的景观单元，这便是原始人正常猎采活动区。这样一个相对均相、尺度适宜的整合空间，对原始人类来说具有一系列生态意义和效应：

第一，有研究表明，人类个体间相互合作的最佳字数是 5＋2，这个数字称为魔数，原始人类合作狩猎一般以 5 人最普遍（Geist，1978）。群居的原始人类一般有 10—12 个成年人组成群体，连同未成年人，共约 20—25 人。显然，一个 5 人左右的合作群体在空旷无界的草原上进行围猎、庇护和捍域，不是一件易事。对于前者，他们必须防止猎物从任何一个方向逃走，而对于后两者，他们需要防止来自任何一个方向的攻击。而一个以山崖为屏障的围合或近围合的空间，显然使上述行为都容易多了。

第二，人类一开始就缺乏远足的能力。一般正常活动都是在以营址或洞穴为中心，半径为 10 公里的范围内。超过这一距离，其远足所耗能量就有可能超过猎采所获能量，猎采活动是不经济的。而无论什么地区、什么气候和资源构成，这样尺度的猎采领地内，资源所能承载的人口均在 25 人左右（潘纪一，1988）。所以在这种尺度下的一个围合空间，是与原始人类的资源需求、护域能力、空间运动能力，以及最佳合作群体的大小一致的。这种尺度效应具有永恒的意义。

第三，如上段所述，人类的空间辨识能力是极有限的，一个边界明确、尺度有限的围合空间，可以使人类的猎采活动在一个熟悉的、边界明确、生态关系相对确定的空间内进行。边界天际线起伏的山峦和造型地貌成为猎采者确定自己方位的参照，走出这个参照，就有可能迷途在外，成为肉食者的腹中之物。

第四，一个占领了的围合空间本身会给闯入者一种不安感，不但因为闯入者有可能随时遭到领主的攻击，而且一旦闯入，它就很难逃脱。所以，同是一个围合空间，占有者和初次闯入者会有完全不同的景观感受。

　　第五,一个围合的盆地或河谷具有良好的小气候,这对资源的丰富性和再生能力,以及原始人类维持自身的生理代谢平衡都是极有利的。

(二)边缘效应

　　上述各典型的栖息地都具有一种"边缘"特征,它们处在各个生态系统的边缘地带,如山地、平原、盆地、河谷之间的交错带。原始人生活的直接生境——洞穴,也以占据山缘为特征。由此产生了一系列的"边缘效应":

　　第一,由于边缘地段上温湿度及土壤特性的明显过渡性特征,导致了区系复杂、类型丰富的过渡性植被的出现,因而也是多种食草性动物的集中分布区。这就为原始人的采集和狩猎提供了丰富的资源。

　　第二,地理景观上的边缘地带往往是动物迁徙的必经之地,如食草动物随季节变化而进行的山地与平原之间的迁徙,以及由于每一动物对多种生态系统的需求而进行的迁徙等,这也为狩猎提供更多的机会,是伏击狩猎的好场所。

　　第三,边缘地带具有"瞭望—庇护"的便利性,这对处在激烈的竞争环境中的原始人类来说是十分重要的。一方面,人必须时刻观察并能及时发现环境中所发生的一切,包括攻击性敌人的动向和猎物的行踪,同时,由于人类视域的局限性,他必须确定其看不见的背后是安全可靠的,并能根据情况进行有效的攻击或逃避。背依崇山俯临平原的山麓正是"看别人而不被别人看到"，易攻易走的最佳地形。

第四，各种景观的边界带所造成的景观异质性对空间辨析具有重要意义。

（三）隔离效应

除上述的围合结构及背山临水构成了整体上的隔离景观以外，中国原始人类的直接生境——洞穴及其附近的隔离更显得重要，它必须是绝对安全的。所以，直接生境并不在大山上，当然也不在空旷的平原上，而是在临近大山而又相对独立的小山丘上或孤山上，高度和面积都较小。这种景观特征有以下几方面的效应：

第一，在这样的尺度范围内，任何潜在的危险都是可以被排除的。

第二，尽管直接生境相对于栖息地边界的围合地形结构低得多，但在栖息地范围内又占据制高点，可视控全局，具有居高临下的进攻战略优势。

第三，这种相对独立的并与基相景观形成大小、形体对比的地貌单元（如同孤立树和造型岩体成为主要的空间标识物），是原始人类空间认知图式中的重要结点。

（四）豁口和走廊效应

满意的围合空间并不是绝对封闭的，它们都留有一些与外界联系的豁口，这些豁口常沿河流、山谷延伸而形成走廊。这种景观结构有以下几方面的效应：

第一，豁口和廊道是物质、能量和信息的内外交流通道，是物种空间运动的必经之地，具有最高的资源密度、最丰富的种类，因而是猎采，特别是埋伏狩猎的最佳场所。在干旱季节，豁口（水口）和走廊可能成为唯一有水源和鲜嫩动植物的地方。一条由动物踩踏出来的穿越茅草或灌丛的走廊，还预示着水源和猎物本身。

第二，它们是捍域的关键所在，具有一夫当关之战略优势。在这方面，走廊的功能是对豁口防护战略优势的强化，它使入侵者在更长的地段和时间内处于战略上的劣势。一旦入侵者突破豁口和走廊，护域将变得十分困难，所以，从某种意义上讲，豁口和走廊控制权之得失，决定着栖息地的命运。

第三，豁口的占有者可以保证在"偷看"别人的同时而不被别人看到，在保持自身栖息地或庇护所的神秘性的同时，了解外界的动向，从而为进攻或防护做准备。从这个意义上讲，栖息地的豁口结构正如现代城市居民房门上的探视孔。

第四，豁口和走廊是原始人类部落探索和开拓新空间的通道，当部落人口增加或资源枯竭时，部落就可以通过豁口或沿走廊向新的栖息地扩散，从而保证了部落的延续和发展。如北京猿人曾几度放弃龙骨山一带的栖息地，而很有可能就是沿着永定河——桑干河山谷走廊，进入河北及山西的山间盆地的（贾兰坡、黄慰文，1984）。

　　第五，走廊或豁口不仅是通道或出入口，也是空间辨析的基本结构。它们可以使原始人在猎采活动或迁徙中不会迷途，它联结着过去、现在和将来，是空间认知图式中关键的结点和连接线。

　　总之，豁口和走廊在不牺牲领主自身的空间运动和探索的同时，有效地维护了围合结构的种种效应，是物质、能量和物种流动的高密集场所，并在空间辨析和捍域行为中，具有关键的作用。

　　可见，中国原始人类满意的栖息地具有多种生态效应，其景观结构使原始人处在庇护、猎采、空间辨析、探索和开拓新空间以及捍域的战略优势。能否成功地选择具有这些生态效应的栖息地，成为人类进化和发展的一种选择压力。自然选择和经验遗传，使原始人类的这种能力永恒地保存在生物基因之上。当中华民族进入农耕社会以后，这种在猎采生活中进化发展而来的心理能力，在许多情况下已失去其原有的生态学上的功利意义，但它却在人们的景观认知过程中不自觉地表现出来，这就是对景观结构特征的吉凶感应。由于这种潜意识支配下的景观吉凶感应并不能或至少不能完全地用现实的、功利的逻辑关系去解释，因而带有很大的神秘性。而正是它，构成了中国人景观吉凶意识（风水意识）的最基本的深层结构。

　　如果我们将中国原始人类满意的栖息地与理想风水模式及其他理想景观模式作一比较，就可以发现，它们之间存在着同构现

图 71　"招隐寺"选址与"马坝人"栖居地重叠（1995，作者摄）。

象。事实上，就在"马坝人"栖息地中的狮子岩孤峰上，穴藏着一座"招隐寺"，竟是禅宗六祖到南华漕溪建寺之前隐居坐禅之所（图 71）。小南海文化产地的长春观（始建于唐代）之选址也同样重叠了原始人的栖息地（图 69）。这不是偶然的，经验遗传已将一个理想的栖息地模式牢牢地构筑在中国人的生物基因之上。也正因为如此，我们把中国人的始祖——女娲的庙选址于中皇山之腰部，左右被龙虎二山环护，兼得"瞭望"与"庇护"的优势，可谓有理想的风水（图 72）。

　　基于上面的讨论，理想风水模式中的围护与屏蔽、界缘与依靠、隔离与胎息、豁口与走廊等整体景观结构特征的深层意义已显而易见，它们使生活在中国大地上的原始人类的庇护、狩猎、空间的辨析与探索、捍域等行为，具有明显的战略优势，在此基础上，我们也就不难理解风水模式中某些小品与风水符号的深层意义了。

图 72　已有 1400 多年历史的河北涉县中皇山女娲庙，选址于中皇山之腰部，可谓有理想的风水（2019，作者摄）。

三、关于风水小品

　　与风水的整体景观结构特征相比，风水小品符号往往附会有更神秘的象征意义。从原始人类的生态经验与景观吉凶感应机制形成的进化史观来认识这些小品及符号，有助于我们进一步理解风水模式的深层意义。

（一）关于风水亭、塔之类

风水亭、塔在中国古老大地上比比皆是，其表层的风水文化含义名目繁多。或用以镇邪去凶，或用以兴文运，聚气补缺，点化江山。如广东惠来的《神泉亭塔碑记》曰："人文彪炳之邦，其山川类多秀拔，天造地设者，无论矣。即缺陷之区，人功之所补救，又莫不各有其验。盖乾坤钟秀之气，风雨之所和会，天人合一，理或然也……亭基即成，遥瞻俯瞩，觉势孤而无以为辅。且重洋密迩，城之巽峰不甚高，地势直走，神气亦不完固，因并建塔于其左。近镇海氛，远挹山秀，与县城之文昌诸塔，形势天然，若相朝拱。"又如安徽旌德文昌塔，因县城形如"五龟出洞"，如果龟走了，就会将文、财之气带走；又因城之西南方有一梓山，形似火，导致城中经常失火，故建塔以"定龟""镇火"（罗哲文，1985）。但这些繁多的风水文化寓意仅仅是人们对亭、塔之类符号的偏好的种种解释，其本质意义只能从原始人类的栖息地景观经验中得到答案：

第一，它反映了人类基因对空间标识物的需求和偏好。一个缺乏标识物的均相景观，意味着迷途的危险。从这个意义上讲，风水亭、塔无异于鹤立于草原上的孤立树，与景观形成对比的孤峰或巨石，是空间认知图式中的结点。

第二，风水亭、塔是对领地的声明，是捍域行为的物化。从这个意义上讲，它与非洲草原上雄狮用以表示领地的尿粪和干柴堆、印度丛林中孟加拉虎在树干上的爪痕无异。它使领地拥有者感到亲切，给外来者以威慑与警告。

第三，作为"瞭望"与"庇护"行为的物化。无论亭、塔是否具有实际的瞭望（包括瞭敌和瞭景）功能，其本质含义仍是人们对瞭望、探视的偏好，而且，亭、塔与庇护所相分离而出现在村口、山顶或罗城豁口（水口），是在不牺牲自我庇护的前提下，对领域以外空间的窥视行为的物化（图73、图74）。从这个意义上讲，它无异于原始部落中那些分布于栖息地外围的哨台。

第四，完形功能。猎采经验在人类基因上铸就了一个理想的整合的栖息地模式，但在现实的自然景观中，这个景观模式不可能总得到满足的实现，通过风水亭、塔之类，以弥合自然结构的缺陷，在心理上构筑一个整合的理想栖息地。

（二）关于门、牌坊、照壁之类

风水对此类构筑物特别重视，把它们作为导引生气、避邪却凶之关键。门和桥的深层意义基本上是相同的，它们在不牺牲自身空间运动便利性的同时，实现空间的围护和隔离。而设于村口的门楼、桥及牌坊等，则是对领地的声明和捍域行为的物化（图75、图76），照壁的功能与风水结构中之朝山、案山是相同的，它使栖息地或直接生境处于一种不可知的神秘状态，给闯入者以威慑和不安。对一个不知虚实的庇护所，人与动物一样，是不敢贸然进犯的。

图 73　水口亭和村庄的入口：对领地的声明（安徽徽州灵山，2018，作者摄）。

图 74　塔的深层含义之一：窥视行为的物化，塔后隐蔽着国清寺（1987，作者摄）。

图 75　村门：对领地的声明和捍域行为的物化（广东栖樵山云端村,1987，作者摄）。

图 76　牌坊：对领地的声明和捍域行为的物化（安徽徽州西递，1985，作者摄）。

图 77　村前的水口林（江西婺源巡检司，2018，作者摄）。

（三）关于风水树与风水林

　　在东南中国之广大农村，缺少风水树和风水林几乎就不成为村落，树龄与村落历史一样久远。即使在极端贫困或急需柴薪时，也绝不采其一枝一叶（图 77—图 79），其表层的风水意义是聚气、

图 78　村后的风水林（广东仁化丹霞山，1988，作者摄）。

藏风，其现实的生态意义是水土保持、防风避日。而更深层的意
义是它们作为空间标识物，在空间认知图式中的作用，以及它们
的空间屏蔽效应。同时，风水树、风水林本身作为潜在庇护所而
存在，这些功能显然都超出它们的现实的生态功利性。此外，风

图 79 风水树及护树碑（广东仁化丹霞山，1988，作者摄）。

水树与风水林也是中国文化生态节制行为的产物，是中国文化盆
地生态适应机制的遗迹（Yu，1991，1992）。至于风水地貌之象形
和命名，也无不源于原始人猎采经验中对物体与空间认知的需要，
其深层意义不言而喻。

第五章

中国农耕文化的盆地经验

对风水模式的强化

我们没有理由完全肯定现代中国人就是"北京人"或"蓝田人"的直接后代，也不能肯定现代欧洲人就没有"北京人"的基因，或中华民族的血液中就没有尼安德特人的血液。所以，一个保险的假设是，中国原始人类的上述典型栖息地的猎采经验不足以形成中国理想风水模式或理想景观模式之独特个性。而跨文化的比较使我们看到，中国文化之风水模式与其他民族文化，如欧洲基督教文化中的理想景观模式之间，存在着某些明显的差异，从而显示出中华民族文化之"风水"模式的特色。而对这种特色，我们需从民族文化史，包括民族文化之定型时期以及以后发展历史中的生态经验和生态适应机制上来认识和理解，我们将会发现，正是中华民族农耕文化主要定型时期和主要发展阶段的盆地经验，强化了中国人对某些景观结构的特殊偏好，从而形成了"风水"模式的特色。当然，我这里所讲的中国人和中华民族是指在中国主导文化影响下的、相对意义上的一个人类群体。

一、跨文化比较——风水模式的强化特征

　　任何一种文化都为文化圈内的成员提供一种景观认知模式，即一种人与景观关系的解释和操作系统（Kaplan and Kaplan, 1982）。

图 80　阿兹特克人的"神都之城"特奥蒂华坎的规划设计，在很大程度上受阿兹特克"风水"的指导（2005，作者摄）。

正如本书第一章所讨论的，风水不过是对景观理想的表达和解释，理想风水模式是解释、设计和创造自我景观的模板，从这个意义上讲，风水不唯中国文化所独有，各民族文化中都有其风水，只不过别有他名而已。如历史学和考古学的研究表明，在古代墨西哥印第安人的阿兹特克人（Aztec）文化中，"风水"（Geomancy）指导着城市的规划设计，其都城特奥蒂华坎（Teotihuacan）的城市轴线和宗教建筑的布局，都是严格根据地形和星相来设计的，以争取宗教建筑与天体运动相协调。而且，这一文化中之"风水"似乎对洞穴和山峰特别敏感，城市的中心在洞穴之上，并围绕着洞穴，主轴线（北偏东，15° 25'）横贯山谷，轴线之两端各以山脉的最高峰为终点，轴线之北端建月坛（月亮金字塔），坛形仿其背后的北高峰而筑（Carrasco，1984；Pasztory，1997）（图 80）。秘鲁境内的马丘比丘（Machu Picchu）古城遗址则充分反映了南美印加人的风水观

念。古城位于海拔 2280 米的山崎之上，背靠瓦纳比丘山峰，两侧都有高约 600 米的悬崖，峭壁下则是奔腾的乌鲁班巴河，居险而筑，充满神秘色彩，其中不乏一些神秘的"风水"符号，如矗立在古城北端的神圣的开阔广场上的巨石，正如中国"风水"景观中的明堂南侧的照壁，可谓南北半球遥相呼应（图81、图82）。分别于公元前 7 世纪和公元前 5 世纪兴起的两个阿拉伯西北部王朝——德丹王朝（Dadan）和利恩王朝（Lyhyan），曾在政治和经济上控制着整个阿拉伯西北地区，其都城的选址可谓"风水"宝地：背靠高峻的山体，俯临欧拉（Al Ula）河谷绿洲，左右为两条干河谷地，群山环抱，更有奇峰秀石隔岸相望（俞孔坚，2019，图83—图84）。其他古代文化圈中也有类似的"风水"意识（Wheatly，197；Michell，1975；Pennick，1979）。

　　但是，同其他文化相比，中国文化之理想风水模式（更广义

图 81　失落的印加古城马丘比丘，充满古印加人的"风水"含义（2010，作者摄）。

图 82　马丘比丘古城北端广场尽头矗立的神圣巨石，有中国"风水"中照壁的意味
（2010，作者摄）。

图 83 古阿拉伯的德丹王朝和利恩王朝的都城选址，控扼欧拉河谷绿洲，堪称风水
宝地（2019，作者摄）。

图 84 古阿拉伯的德丹王朝和利恩王朝的都城遗址，背靠山崖，俯临绿洲，遥望对
岸奇峰秀石（2019，作者摄）。

地说是理想景观模式）有其独特之处，下面，我们将主要与欧洲基督教文化相比较，探讨一下中国人的理想景观模式之特色。为了讨论的清晰性，我们将这些特点归结为以下几个方面，实际上，它们本质上是一体的。

（一）"盒子中的盒子"——强化的庇护特征

尽管中国古代城市与欧洲巴洛克风格的城市一样都强调神圣的轴线，但后者是一条以主要建筑为瞭望中心或聚焦点的视线通道，或透景线。而在中国城市中，这条轴线仅仅是象征性的，并没有作为视线走廊的功能。坐在紫禁城太和殿中的康熙皇帝是看不到太和门以远的地方的，除非他被抬上景山，否则他是绝对看不到这条贯穿京城的南北轴线的。即便是在景山上，他所能见到的仅仅是金色的瓦背而已。但是几乎在同时的凡尔赛宫内，路易十四大帝却能在其宫殿舞厅和餐厅里，透过窗户放眼长达3公里辐射轴线上的喷水池和巨型雕塑（图85—图88）。

无论是几何式的紫禁城，还是自然式的皇家离宫林苑，也无论是百姓寻常人家的四合院、士大夫的花园，还是宗教圣洁之地，我们所看到的中国人的栖居景观模式仍是"盒子中的盒子"和一种对庇护结构的强烈偏好。无论是人工的围墙、照壁、假山，还是自然的山林，都被用来构成一个个围护和屏蔽的空间（图85）。长城作为地球上的一大奇观和中国人文景观之一绝，其真实的含义并不在其作为抵御西北游牧部落的入侵的功能，事实上，长城从未能实现

图 85　北京紫禁城（拍摄者不详）。

图 86　法国凡尔赛（1999，作者摄）。

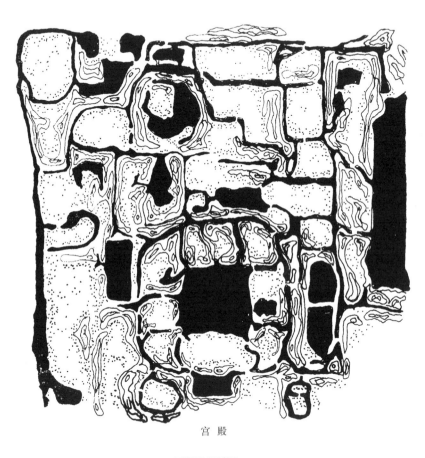

宫 殿

圆明园（局部）

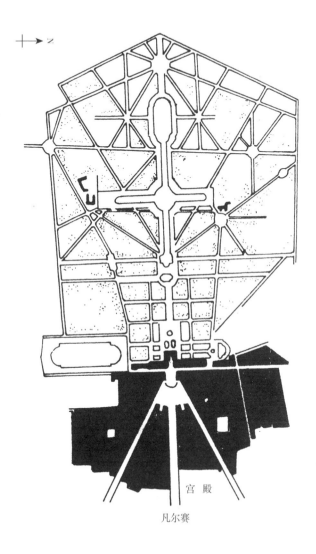

图 87　圆明园——"盒子中的盒子"和几乎同时代的法国凡尔赛——对视控点的占领（据有关地形图简略）。

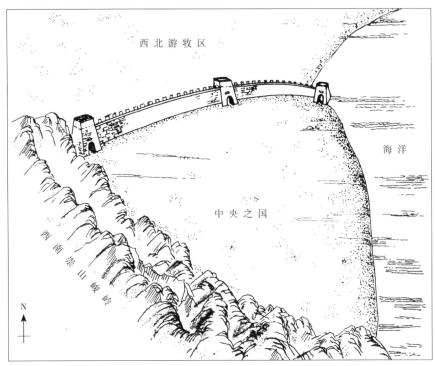

图 88　长城使中国大地形成一个完美的庇护空间（作者意象）。

中原领主抵御外患、取得长治久安的目的。相反，从秦始皇到明末
皇帝，修筑长城都因劳民伤财，积怨于内，结果只加速了王朝自身
的灭亡。所以，长城及类似的防护性体系（包括清末的沿海防御体
系）的建立，实质上只满足了一种心理上的需要，表现出存在于中
华民族文化深处的、对庇护性景观结构的强烈偏好（图 88）。

　　相对而言，欧洲基督教文化则表现出对视控点、制高点的强
烈偏好，这种偏好体现在宫苑中以皇宫为起点的放射轴（确切地说
是视线走廊）之中（图 86、图 87），体现在俯瞰全城的教堂塔尖
之上，也体现在山巅高垒的城堡之上。尽管在理想风水模式中，穴
场以突为最佳标准，相对独立并视控明堂，但这种制高和视控仅
仅局限在维维罗城之中。甚至在强调孤高峻拔为主要特征的昆仑、
蓬莱理想模式中，其高峻与岛屿特征也主要是为空间隔离而设计
的，因为，增城九重、林木周匝以及“壶”的结构，显然都没有
强调制高和视控的景观结构，而表现出对庇护结构的强烈偏好。

（二）“重”关“四塞”——强化的捍域特征

　　与上述强化的庇护特征（围护与屏蔽）相联系，中国人的理
想风水模式或理想景观模式中具有强化的捍域结构，包括风水中
对水口及捍门星[1]和罗星[2]的强调，以及中国城市和居民对门的重视
和强调。一个本来作为与外界相联系，用以探索和开拓未来的通
道，在中国人的理想景观模式中却有浓厚的“关”的色彩，并守
以险峻的地势及骇人的龙虎、狮象之类（自然的、象形的或是人
工构作）。与印度及东南亚的寺庙城市建筑过程相反，中国古人
建成顺序是先筑城墙和城门，似乎只要有了墙和门，城便已告成，

1　捍门星：护卫水口的景观结构。
2　罗星：罗列在穴场周围的景观结构。

然后再筑社庙（Wheatley，1971）。

《诗经·大雅·緜》中有"筑之登登，削屡冯冯，百堵皆兴……乃立皋门（郭门），皋门有伉，乃立应门（正门），应门将将，乃立冢土（大社），戎丑攸行"，以"墙——门——大社"的顺序来描述筑城的过程，并喋喋不休地赞咏城门之高耸壮观。即使在现代中国城市公园的建设中，大门和围墙的修筑总是放在首要地位的，并几乎占去首期工程的全部投资。上述两类强化的理想景观特征，正是中华民族文化对"藏匿"与"防守"行为的偏好的物化，而欧洲文化中对制高点和视控点的强化特征，正是其"纸老虎"式的"炫耀"和以攻为守的"侵略"行为的物化。而在以"藏匿"与"防守"为战略偏好的景观理想中，又表现出中国文化的一个总的特征，即对自然的眷恋和依赖。

在欧洲建筑文化中，从拜占庭风格、哥特式，再到古典主义、巴洛克和洛可可风格，无不表现出对建筑自身的夸耀和装饰的偏好。而在中国文化中，建筑物本身似乎并不重要，重要的是其所在的自然景观。在5000多年的建筑文化中，从半坡先民的草棚到紫禁城的太和殿，我们所看到的是一个几乎一成不变的、简洁而朴素的模式。对建筑的装饰似乎没有太大的意义，因为使用者的目的是要将建筑（人自身的物化）"藏匿"于自然景观之中，而不是暴露自己。一个"深山藏古寺"的画典道出了其中之一切奥妙之处，古寺是藏得如此之深，以至于只有从担水的僧人这一唯一的人迹，才能判断其存在。第一章中所讨论的风水模式和其他理想景观模式中，人的活动只是在自然龙、沙、水环护下的一点"穴"。紫禁城可以说着重体现了统治者至高无上，即便是如此，正北中轴线上的景山，与其说是一道阻截西北寒风的屏障，不如说是一个带有象征意义的"靠山"，隐隐透露出对自然景观的眷恋和依赖心态。而要知道，类似这样的土丘，在欧洲雷诺特式的宫苑中是作为聚焦点坐落在轴线之尽端，作为皇宫的对景，而不是靠山来设计的。太和门前的曲水和天安门前的金水河，也具有同样的意义，即体现对自然的眷恋与依赖。而这样的水体，在欧洲宫苑中是作为视轴上的景来处理的，是观玩的对象而不是依赖的对象。在圆明园中，这种对山水的依恋，则体现得更加淋漓尽致。

　　早在唐代，中国的山水画已把自然山川作为独立的表现主题，而人物建筑则仅仅作为点缀，甚至根本不出现人文特征，并把自然山川作为潜在的可居景观来营构，把自然山水作为可以依托的对象，无论其表现的山川如何激荡奋亢，却总是以"净化、疏导而安于内向的和谐为归宿的"（皮道坚，1982）。总是以寄情、抒怀为最高的审美追求，对自然山水表现出强烈的眷恋和依赖。而在欧洲直到17世纪荷兰画派的兴起，风景画才第一次作为独立的艺术出现，它不但晚于中国山水画1000多年，即使在纯自然的风景画中，也无不表现出人的主宰地位，正如有人所评论的：欧洲风景画中"即使在那宁静柔和的画面之前，你也多少感到一颗鼓动着欲望的心"（皮道坚，1982）。这是一种对自然的占有欲和进取精神，而绝不是祈求自然的庇护，寻求一种隐逸的可居空间。

图 89　典型的中国聚落选址，依靠护山、空间环护的防守策略（云南丘北古村落，作者摄）。

图 90　典型的欧洲聚落选址，占据山顶，俯控四周的进攻战略（意大利古城 Orvieto，作者摄）。

简而言之，中国景观理想中强化了对庇护、捍域性景观的偏好，并无处不表现出对自然景观的依赖和眷恋，与欧洲基督教文化的景观理想形成强烈的对比（表4）（图89、图90）。下面的问题是，中国风水模式或理想景观模式中的强化特征如果不是在中国原始人类的猎采时代就形成的，那它们又是怎样在中华民族文化生态经验的历程中发展积淀而成的？

表4　中、欧文化中理想景观模式强化特征比较

中国文化中的理想景观模式之强化特征	欧洲文化中的理想景观模式之强化特征
1. 藏匿的战略：使人文隐迹于自然景观之中	1. 炫耀的战略：强调建筑自身的文饰和地位
2. 防守的战略：占据重关四塞的空间	2. 进攻的战略：占据制高点和视控点
3. 依恋于自然之中	3. 凌驾于自然之中
4. 偏于内向的"性格"	4. 偏于外向的"性格"

二、关中盆地——文化定型时期对风水模式的强化

与生物适应一样，文化适应也可以通过文化基因的复制和扩散而成为特定民族的文化特质，不管这些适应在后代是否具有现实的功利意义。如果说，中国原始人类，或更久远的非洲疏树草原上的人猿的猎采生态经验，通过生物遗传的途径，铸成了中国人景观吉凶意识的基本深层心理结构，那么，在此基础上，中华民族的文化在其定型时期的生态经验，通过文化积淀的途径，构筑了中国人景观理想和吉凶意识的另一深层结构。此后，通过生物基因和文化基因的自我复制机制的不断修正和强化，形成了具有中华民族文化特色的理想景观模式——风水模式。

周代可以说是中华民族文化发展的一个定型时期，姬周民族所建立的周王朝是中国古代历史上一个承前启后的重要朝代。周代的文明对中国社会的发展起着广泛而深刻的影响，这是史学界所公认的（田昌五，1990）。继孔子以后的儒家文化对周礼的重视和推崇，及其对西周社会的理想化，使周民族文化在中国文化发展历程中的定型意义更加显赫。农耕社会的后喻文化特征，使周的礼制、周的行为模式，当然包括景观认知模式，通过"四书五经"在内的经典一代代地复制、传播，成为中华民族文化之特质。特别是与本书主题有密切关系的宫室、城郭制度，通过《考工记》《左传》《礼记》等经典，以后的历代都基本沿袭周的传统来建筑。从汉代起，统治阶段的祭礼建筑如太庙、社稷、明堂、辟雍等也

多附会周代流传下来的文献和传统进行建造（刘敦桢，1984）。

　　特别应着重指出的是，作为中国建筑文化一大特色的四合院，其原始模式也形成于西周早期，从半坡仰韶文化氏族社会的"大房子"到奴隶制初期的"夏后氏室"和商代的前堂后室，中国先民的建筑模式没有明显的改变，但到了西周，建筑布局发生了质的变化（杨鸿勋，1987）：完整的一颗印四合院布局出现了。如果将二里头早期商宫廷遗址主体殿堂与周原凤雏的四合院建筑比较，可以发现，在周原建筑中前堂已分立，原来堂的位置变成了庭院，并出现了影壁。我认为，这种质的飞跃显示了周民族之庇护和捍域意识的强化，并进而发展为中华民族文化之特质。

　　"人更三圣，世历三古"的《易经》，其卦爻辞也形成于周由兴起到西周王朝建立的整个时期（俞孔坚，1990），从历史的意义上来讲，《易经》也较集中地反映了中国文化定型时代的自然及社会生态经验。由于《易经》历来被誉为群经之首，其一字一句皆被奉为真理，而且，"风水说"的理论体系在很大程度上是假托于《易经》发展起来的，因而，通过《易经》本身，我们也可以发现一些"风水"吉凶观念的原始的、深层的意义（俞孔坚，1990）。

　　以上几点足以说明，通过对周民族文化生态经验与生态适应的探索，可以进一步揭示中华民族景观吉凶感应（风水意识）的深层意义。而周民族在这一文化定型时期的主要活动地域是在以"岐山——长安"一线为中心的关中盆地，也就是说，正是这一盆地

中的自然及社会生态经验，在较大程度上促进了中国人独特的景
观吉凶意识（风水）的发展，或者说，它强化了中华民族的景观
理想中对庇护、捍域结构的偏好，以及对自然景观的眷恋和依赖。

（一）关中盆地——联结生物与文化基因的桥梁

对处在由猎采社会向农耕和牧畜社会过渡时期的周民族来说，
原始人类生态意义上的满意栖息地仍具有很大的魅力。作为周民
族栖居地的关中盆地为渭河地堑谷地，盆地南侧为秦岭山脉，西
北侧为黄土高原，东侧为太行山脉，具有深、窄、长的特点，其
周围山地和高原与平原谷地的相对高差在 500—1000 米左右。盆
地东西长 360 公里，而南北宽度最窄处仅几百米，中部地带宽度
也仅 30 公里。周围山地和高原中有多条河流汇入盆地，注入黄河，
从而形成了多个沟通汉中盆地、晋西南盆地、西北游牧区及东部
大平原的豁口和河谷走廊。周民族发展和壮大时期的主要活动重心
在盆地的西侧边缘地带，其核心活动地带的周原北靠岐山，俯瞰
渭河谷地，南望秦岭（图 91）。整体景观结构与中国原始人类满
意的栖息地模式相似，只是部落成员的增加和整体活动能力的增
强，使栖息地的空间尺度相应地放大了。事实上，"蓝田人"生活
的灞河谷地正是关中盆地的分形[1]，是这一大盆地中挹出的一隅（参
见图 65）。

---

1 分形：在不同的空间尺度上重演相同的结构。

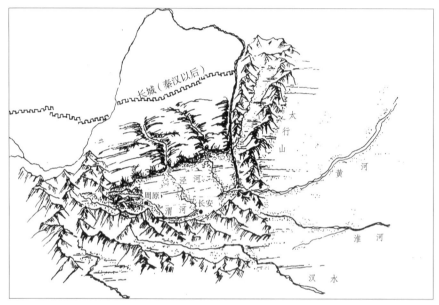

图 91   关中盆地的总体景观结构示意图（1990，作者绘制）。

　　周先民以这一盆地作为栖息地绝不是偶然的。从其最早居住
的邰（今陕西功武县境内）到后来迁徙于豳（今陕西彬县、旬邑
一带），再到周民族发展壮大时期的主要活动中心周原（今岐山、
挟风一带），乃至于周民族发展顶峰时期的丰、镐（今西安一带），
都是经过慎重选择的。《诗经·大雅·公刘》生动地描绘了公刘自
邰迁豳、择地开国的历史："笃公刘，于胥斯原……陟则在巘，复
降在原……逝彼百泉。瞻彼溥原，乃陟南冈。乃觏于京，京师之
野。于时处处，于时庐旅……既景乃冈，相其阴阳，观其流泉。"
《诗经·大雅·緜》论述了周太王迁岐定居兴国的经历，"古公亶

父，来朝走马，率西水浒，至于岐下，爰及姜女，聿来胥宇"。

史学界认学，在周人的发展历史上，太王迁岐是一次重大的转变和飞跃。周人由此转危为安，转弱为强，迅速壮大起来（田昌五，1990），而《诗经·大雅·文王有声》则记述了文王迁丰、武王迁镐而周兴的业绩。从这些描绘中，尽管我们只看到了历代周先祖忙忙碌碌，为择居而奔走于关中盆地之山川之间，而不知其选择的具体标准是什么，但从历次迁居都是在盆地西南——南侧边缘地带这一事实以及周人对这些定居地的赞美之辞来看，周人显然对关中有着特别的偏好。这种偏好，源于这一带栖居地暗会了周人心目中的理想景观模式——源于原始人猎采生态经验的理想栖居地模式。它当然具有如第三章所讨论的各种生态效应。同时，由于关中盆地在自然地理上的边缘特征（俞孔坚，1990），使它兼有良好的猎采、牧畜和农耕资源。因而关中盆地既是周民族对原始人理想的猎采栖息地模式的继承，又是对理想的农耕栖息地模式的开创。在生物与文化基因之上的理想栖息地模式之间，关中盆地起到了承前启后的作用。我们将会看到，所谓的启后，表现为周民族对关中盆地的农耕生态适应，强化了汉民族对庇护、捍域行为和对具有相应战略优势的景观的偏好，以及对自然景观的眷恋和依赖。

（二）关中盆地——一个具有庇护与捍域战略优势的农耕领地

普遍的资源贫乏和资源空间分布上的不均匀性，使资源相对

集中而又具有可捍性的空间成为部族理想的领地。在黄河中上游，
漫漫黄土高原和绵绵丛岭之中，渭河地堑平原可以说是一块农牧
资源最为集中的绿洲。而且这一绿洲险关四塞，是一个庇护性和可
捍性极强的空间。诚如东汉班固在《两都赋》中所描写的"右界
褒斜陇首之险，带以洪河泾渭之川……华实之毛，则九州上腴焉；
防御之阻，则天下之奥区焉"。尤其是当周人迁都周原之后，这种
庇护和捍域之优势更加强化。周原（高而平的台地）作为周民族
的直接生境，北倚岐山，南临渭河，东西侧分别有漆水和千水缠
护。整个台原东西长 70 余公里，南北宽 20 余公里，这是一个在
关中盆地这一可捍领地受到强大压力而被迫退却时，依旧足以维
持部落生存的天然庇护所，并仍具有俯控盆地的战略优势。从景
观结构特征来说，它无疑是一个高突于罗城周密的明堂之上，背
依玄武的理想穴场。对这种具有多重庇护和捍域结构的领地和直
接生境的适应，以及这种景观结构中的社会生态经验，无疑强化
了周人对庇护性和可捍性景观的偏好与依赖。

（三）从"肥遁"到"利西南不利东北"——逃跑的战略优势

　　从周与其他部落势力的空间分布关系来看（图 92），其西北
为攻击性极强的游牧部落，而东及东北部为强大的商国及商属部
落。显而易见，周所处的地理位置正是相互作用的各部族势力的边
缘地带，使得周三面受敌，在夹缝中求生存。在与商"为寇"的

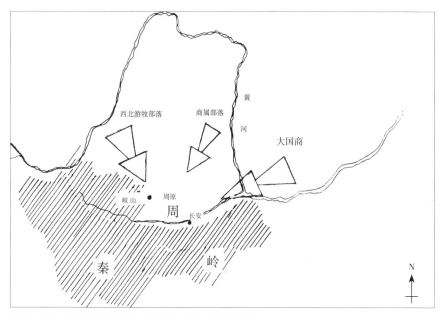

图 92　周与其他部落势力关系示意图（1990，作者绘制）。

同时，又要抗击游牧部落的"行寇"。如《易经》之"蒙"卦有"击蒙，不利为寇，利所寇，就反映了周的这种处境"。有时，也凭借其有利的"边缘"地带的天时地利，借助一方势力，攻击另一方势力，如《易经》"未济"卦有"辰用伐鬼方。三年，有商大国"。据本人不完全的统计，《易经》中反映周与各部落之间战争的卦爻辞有八十多条，充分证明了各落族之间的竞争对处在这种竞争界面上的周民族的发展的重要意义。

　　而就在其三面受到强大部族竞争和入侵的压力情况下，唯有

周的南、西南一侧的岐山和广大的秦岭山地充满了大自然和平与
安宁的气氛。生活在残酷的社会与美好的自然的交界面上，使周
能更加感受到大自然的可爱，并把其南、西南山地的自然关系作
为理想社会的模式。如《易经·中孚》有"鸣鹤在阴，其子和之，
我有好爵，吾与尔靡之"，体现了对与世无争的和平社会的向往。
故此，《易经》中关于方向的吉凶反应都始终以西南（岐山和秦岭
山地）为吉，东北（强大的商族和掠夺成性的游牧部落）为凶。如
"蹇"卦有"利西南，不利东北，利见大人。贞：吉"。"川"卦
有"利西南。无所往，其来复，吉"。这种对西南自然山地的热
爱和与世无争的心态进一步发展为对"肥遁""嘉遁"（见《易经》
的"遁"卦）的逃跑主义和自我保护主义的崇尚。"逃跑"、自我
庇护和委曲求全的战略正是处在各部族势力竞争交界边上的周人
得以最终取得天下的法宝。而其中包含着的对自然庇护景观的眷
恋和依赖的文化基因，也出现在中国人的风水意识中。甚至周民
族的"利西南不利东北"的吉凶感应模式也在很大程度上被"风
水说"所继承并直接应合。

（四）从"辰""涣"到"禁林，吉"——关中盆地的灾害效应

在周人早期活动的黄土高原边缘地带，水土流失十分严重，
加上显著的地势高差和频繁的地震，使山洪、滑坡及山崩等灾害
经常发生。此外，渭河地堑是一个强震带，中国历史上的许多强

烈地震都在此发生。如帛书《周易》之"涣""辰"卦等都生动
记述了周人的这些灾害经验（邓球柏，1987）。长期的灾害经验，
使周人逐渐认识到自然生态过程和人与自然的生态关系。如对森
林的认识有"禁林。无咎：贞，吉""甘林，无攸利；既忧之，无
咎""至林。无咎"和"知林，大君之宜，吉"（帛书《易经》，"林"
卦），反映了周人不仅看到了森林直接的实用功能，而且看到了森
林在防止水土流失、减少旱涝灾害方面的生态功能，因而对保护
森林做出了"吉"的判断，而以森林之遭破坏为凶。这种农业生
态经验，直接影响了景观吉凶意识的形成，促进了生态意识的早
熟（俞孔坚，1990）和对良性自然生态系统的依赖。但由于《易经》
中只反映了"现象——吉凶"的直觉判断模式，并没对它们之间
的因果关系进行论述，使得"风水说"在继承了这种直觉判断模
式之后，又采用了新的解释体系进行解释。如"风水说"中以山
上林木茂密为吉，并把这归因于林木的"聚气"功能。

　　可见关中盆地的景观特征和生态经验及文化适应，强化了周
民族，在很大程度上也是中华民族的庇护行为、捍域行为及对相
应的景观结构的偏好。

　　与中国文化主要定型时期生态经验截然不同，欧洲文化的
一个关键发育地带是爱琴海上的克里特岛，几乎与西周处在前
后相同的时代（公元前800—前510）。欧洲文化在以爱琴海为
中心的希腊半岛和爱琴海各岛屿及其沿岸地区度过其定型时期
（Stavarianos，1970），随后迅速扩散到地中海沿岸广大地区。与关

中盆地相比，欧洲先民的生态经验至少有以下几点不同：

第一，气候上的截然差异。爱琴海区域受地中海型气候控制，与关中盆地的季风性气候完全不同，前者的冬季多雨、湿润，而夏季干旱。从热辐射来说，夏季恰恰是最有利于作物生长的。这就是说，欧洲先民缺乏适宜的农耕气候（图93）。而夏日的季风为关中盆地带来了充沛的雨量，作物在生长季同时得到了充足的热辐射和雨量，因而最适于农耕。

第二，欧洲先民缺乏像关中盆地这样资源丰富而又可捍卫的盆地或河谷景观，当然就没有一个能自给自足的天然庇护所。贫瘠的土地和稀疏的单位面积资源，使栖息地的捍卫行为失去任何意义。因而也没有支持一个集权社会的土壤和空间，稀缺的资源只能维持分散的小型城邦。这种小城邦以占据制高点的城堡为中心。城堡本身是剩余财富的集聚地，值得捍卫的是城堡而绝不是低产力的栖息地，值得依赖和寄托的当然也是人工构筑的城堡，而不是一个隐蔽的自然景观。取代周民族对自然景观的眷恋与依赖的是欧洲先民对自我力量的信赖。在这种没有天然庇护所可以藏匿和依恃的情况下，进攻和显示部落自身的强悍成为最好的自我保护。与之相适应的战略是通过炫耀（而不是隐蔽）来达到震慑对方并使之却步的目的。因而，城堡多占据制高点和岛屿，控扼战略性流通走廊，使其具有最大的进攻战略优势和产生最佳的显示自我力量的效果（图94—图96）。

我们曾讨论过，栖息地中的制高点和岛屿结构作为原始人类

图 93　地中海气候下稀疏的橄榄林（克里特岛，1997，作者摄）。

图 94 米诺斯的王宫克诺索斯遗址（Knoss Palace，克里特岛，公元前 2000—前 1400）：控扼岛内外交通要道（1997，作者摄）。

图 95　米诺斯的费斯托斯古城遗址（Phaistos，克里特岛，公元前 1900—前 1400）：
据山而建，控扼岛上的梅萨尔（Messara）平原（1997，作者摄）。

图 96 雅典卫城（Acropolis，Athens，公元前 5 世纪）：占据制高点（1997，作者摄）。

的直接生境，具有良好的生态效应，是原始人类满意栖息地的一个结构特征。在欧洲文化中，这种结构偏好得到了明显的强化；而在中国人的理想风水模式中，这种结构的偏好则明显地被淡化了。

简而言之，欧洲文化主要定型时期和地域的生态经验与适应，使欧洲文化强化了攻击性行为和对自我的信赖，而相应弱化了庇护、捍域行为和对自然的信赖性。基督教文化本质上是一种扩张性文化，对同类是如此，对自然也是如此。可以说，正是农耕社会早期的生态经验和文化适应，逐步形成了中西方理想景观模式之分野。但这种跨文化的差异，仅仅是因为两种文化在不同的方向上强化了人类生物基因上的某些共同的理想景观结构而形成的。所以相对于这个生物基因之上的模式来说，理想景观模式跨文化的差异又是次生的。

三、文化发展过程中的盆地经验——风水模式的再强化

中国文化自西周前后基本取得定型定向之后，便进入一个持续延绵的发展历程。不管如何改朝换代，甚或异族的入侵，中国的农耕文化的发展却始终不曾离开其固有的模式，其持续性和稳定性被历史学家叹为观止，是任何文化不曾有过的。而在这一长达 3000 余年的历程中，盆地这种特定的景观类型，始终伴随着中华民族文化的发展。漫长的盆地生态适应，进一步强化了中国风

水模式的庇护、捍域和自然依赖特征，并与欧洲模式越走越远。

（一）关中盆地伴随中华民族文化之成熟

　　自西周以后到隋唐，关中盆地几乎一直是中华文明之中枢，是中华民族文化的辐射之源。其作为王畿的时间前后历时共近1100 年，经历十一个王朝，几乎占去了中华民族文化从定型发展到烂熟的整个时期，其中包括中国历史上具有影响的朝代。包括上述之西周、秦（作为封建时代第一个王朝）、汉（作为我国农业发展的第一个高潮）和隋唐（作为封建文化之烂熟时期）。所以，可以说上述周人在关中盆地的生态经验和适应，一直得到持续和强化。关中盆地的经验对风水模式强化之意义不言而喻。

（二）盆地作为中国农耕领地的普遍性

　　中国的各类地形中，山地面积占 33%，丘陵和盆地占 29%，而平原只占 12%，它主要包括东北、华北、长江中下游和珠江三角洲。但这些大平原在农业文明初期，几乎都处在河水泛滥的极不稳定状态，不适于定居和农耕。即使在开发最早的华北平原上，黄河不断改道，在 2000 多年的时间里，黄河竟基本上由北向南横扫过一遍。至于东北和珠江三角洲平原，则在唐宋之前，仍几乎处在蛮荒时代（相对于汉文化来说）。所以，在很长时期内，中国的农耕资源局限于山谷中的平原斑块和更大量的丘陵盆地，资源的有限性、资源分布的不均匀性和盆地的可捍性景观特点，毫无疑问地使中国大地上的农耕文化普遍带有对具有庇护、捍域战略优势的景观的偏好（图 97、图 98）。

通过栖樵山云瑞村的景观和构筑实例，我们可以对中国农耕文化的这种强烈的庇护、捍域和自然依赖特征有更直观的认识（图 99、图 100）。该村居民世代多以采茶为生，村庄坐落在栖樵山顶的一个小盆地之中，四周土丘环抱，茂林修竹，这显然是长期保护的结果。从剖面可以看出，护绕的土丘至少在局部有人工增筑的痕迹。盆地原来仅有一条曲径与外界相通（现因交通需要在东北角又破一径），曲径穿山而出，又堆一人工假山和一道寨门。闯入者只有当绕过古木参天的假山之后的池塘边，方可见山寨景象。

（三）盆地经验与中国农耕文化的生态节制机制

风水在很大程度上表现为对自然过程和自然景观格局的尊重、信赖和爱护，这可以被称为生态节制。生态节制机制的形成有两个条件，一是这种机制能给群体带来长远的好处；二是群体有能力捍卫其节制行为的成果（Gadgil，1985）。盆地的以下几种效应都有利于满足上述这两个条件，因此长期的盆地经验，促进了中国农耕文化生态节制机制的发展（Yu，1991；俞孔坚，1992）。

1. 盆地有利于形成稳定的生态文化区。盆地易于构成一个边界确定的生态文化区（Eco-cultural region）（Dasmann，1985），生物地理区与文化单元的空间分布往往得以重合。居住者与自然环境之间建立了长期稳定的关系，使居住者有机会全面认识盆地生

图97 古徽州地区典型的村落景观，丘陵盆地中的世外桃源，历来是躲避战乱的理想之地，保留了丰富的风水文化（江西婺源，严田古村，2018，作者摄）。

图 98　据山间盆地的边缘而居，云南典型的坝子景观，最大限度节约盆地中有限的耕地（作者摄）。

图 99   栖樵山云瑞村整体景观（1987，作者摄）。

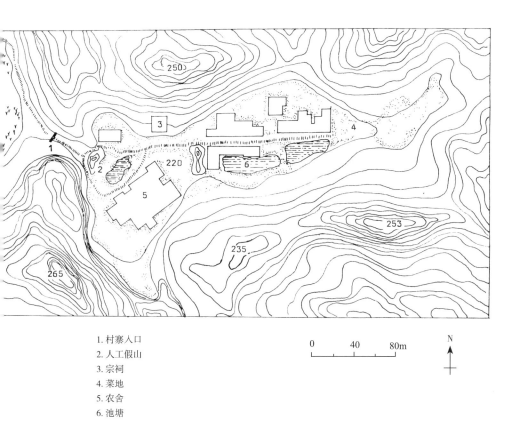

1. 村寨入口
2. 人工假山
3. 宗祠
4. 菜地
5. 农舍
6. 池塘

图 100　栖樵山云瑞村平面（1992，作者绘制）。

态系统的过程和结构，有助于人们认识长远利益与眼前利益的关系，从而促进了文化的生态节制行为的发展。

2. 有利于家园意识和继嗣道德的发展。盆地为一个家族和社会关系密切的群体提供了稳定的领地和家园。家族和特定社会群体的尺度与盆地尺度相适应，整个家族或群体的发展完全寄托于这块有限的领地，从而产生了强烈的家园意识。每个成员从小受到长辈关于他们祖先开拓和保护家园的艰难而神奇经历的传说的熏陶，产生了对祖先的敬仰之情，并进而发展了祖宗崇拜（图101）。所谓"君子反古复始，不忘其所由生出，是以致其敬，发其情，竭力从事以报其亲"（《礼记·祭义》）。这种对祖宗的敬仰和崇拜在具体的行为上表现为：第一，每个成员都把自己看作家族生命的一个阶段，他们的主要功能是承前启后，使家

图 101 对祖宗献祭（浙江金华，1986，作者摄）。

族的生命延续下去，所谓"不孝有三，无后为大"（《孟子·离娄上》）；第二，把祖宗留传下来的家业看作神圣的东西，并有责任完好地传给后世："所以传家守业，世泽绵长者，无不由祖宗积累所致，故为子孙者，不可一日忘祖。"后嗣道德使他们能把家族的长远利益与自己的眼前利益有机地结合起来。"祖宗留下来的水井""祖宗留下来的田地""祖宗留下来的树木"等，本身就意味着它们是受到世代继承和保护的，对它们的毁弃就会因"上对不起列祖列宗，下无脸以对子孙"而为人所不容，亦为己所不容。

3. 有利于形成斥异型的社会群体。空间的占领方式可分为四种：个人占领、群体占领、社会占领和自由占领（Brower，1980）。因景观和生活方式的不同，四种空间占领的比例有很大的不同（图102），其中线条A最适于用来说明盆地景观和宗族社

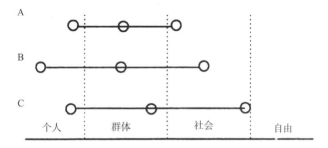

图102　不同景观和生活方式下四种不同空间占领方式的比例关系（Brower，1980）。

会关系下，空间占领的特征。在一个尺度有限的盆地中和家族社会关系下，个人的空间占有是十分有限的，全部空间几乎都为家族或社会关系密切的社团全体成员所共有。同时，开放性的社会空间也非常少，外来者的闯入常会引起全体村民的警惕甚至怀疑，具有明显的排外性。而空间的家族或社团共享性使每个成员都感到有责任保护自己的家园，以维护自己的利益，任何个体都会因为资源的浪费行为而受到全体成员的指责甚至严厉的处罚，从而避免了"共有草原的悲剧"（Hardin，1968）。对外来者的排斥性和对团体内部异质分子的排除能力，使团体的生态节制行为能得到可预见的报偿。

4. 有利于内源需求导向的自力型经济的发展。盆地的空间隔离作用，发展了以自我需要为目的的内源型（Indigenous）需求方式（Sach，1980），而不是模仿型的，以知足而乐为原则（图103）。生产的目的是为了自我消费，而不是与外界相交换，盆地与外界的物质和能量交换都非常有限，内部的经济活动对外界的依赖性很小，因而生产活动将直接受到盆地内部生态机制的约束，而产生包括生态节制行为在内的适应性行为。经验表明，模仿式需求、促销式和依赖型经济，意味着用异域文化的价值标准来衡量需求的满足程度和经济的发展水平，结果往往导致本地区资源的破坏（图104）。

5. 盆地景观对其他社会文化过程的影响。由于空间的隔离性和自然及社会环境的稳定性，盆地比其他地形的农业有更密集的

图 103　知足而乐（作者摄）。

图 104　美国一般家庭每天收到的促销广告：外源需求导向的浪费型社会（1996，作者家中，作者摄）。

人口，而且经常处于近饱和状态。有人认为在这样的近饱和的人口压力下，有利于促进文化的生态节制行为的发展（Gadgil，1985）。在长期隔离条件下，盆地内的生产技术长期处于滞缓的发展状态，使人们更依赖于传统资源的再生能力来生产（图105），从而能从其生态节制行为中获取更大的利益。而迅速发展的技术，将使得人们不断开发新的资源，而摆脱对特定资源的依赖性，不利于生态节制行为的发展。

6.经常的局部性灾害经验（图106）。由盆地构成的大地景观，同大平原相比，具有明显的异质性和复杂性。每个盆地都是一个相对独立的生态系统，每个盆地的资源和景观破坏所带来的灾害在很大程度上都是小流域性的或是局部性的，对整体景观的影响是逐渐的、警告型的。而盆地的景观特点（如地势高差对比强烈，水流由四周向中部集聚，水源的季节性变化等）决定了灾害经验是强度在一定范围内的经常性的外部刺激，从适应性原理和系统进化角度来看，对文化的生态节制机制的发展是有利的。相反，在大平原上（如两河流域），生态系统是均相的，缺乏多样性、层次和复杂性；农业生态因子较为单一，生态平衡破坏所带来的灾害是袭击型的、毁灭性的。

由此可见，中国农业文化的盆地经验对生态节制行为的发展会有明显的促进作用。但这里必须指出，生态节制行为并不唯中国盆地的农业文化所特有，许多文化以图腾、禁忌和宗教习俗的形式来实现特定资源的节制使用和保护，如印度有许多动植物都受

图 105　长期的低生产力水平有利于生态节制机制的发展（河南太行山，1992，作者摄）。

图 106　灾害经验：干旱和有限的水资源促使生态节制机制的发展（广东连南，1984，作者摄）。

到宗教的严格保护，这被认为是起源于猎采时代的生态节制行为
（Gadgil，1985）。即使被认为是自然破坏型的基督教文化，仍不乏
"热爱自然、不枉杀动物"的传统（Vroom，1985；FAD，1985）。
我这里想强调的是，由于独特的盆地经验，使中国盆地农业文化
的生态节制行为具有明显的特色，主要表现在其节制行为不是以
单一资源的持续利用为目的，而是以整体农业生产环境和生活环
境的持续利用和保护为目的。而"风水说"作为中国人与自然关
系及景观理想的解释与操作系统，集中体现了中国农耕文化的这
种生态节制机制（Yu，1994），并形成了中国风水之依恋于整体自
然环境和爱护自然景观的特色。

（四）"逐鹿中原"与"桃花源"模式

在开发较早的中原大地上，连绵不断的战争，使大平原上几
度成为人烟断绝之地，居住者或被屠杀，或逃离，也就是说在大
平原上的栖居者与栖息地之间难以形成长期稳定的适应机制。反
之，在长江流域及其以南的丘陵山地和小盆地之中，则一直较为
安宁，成为逃难者向往的天然庇护所，这在晋、宋南迁时尤为明
显。陶渊明构想的"世外桃花源"正反映了这种心态。事实上，
无论是中原周边各列强的角逐也好，或是外族（游牧部落）的入
侵也好，江南广大的丘陵山地一直成为被逐王室或中原居民的庇
护之所，这既是中华民族文化的扩散过程，也是其对盆地适应的
强化过程。这就使得中国人将安宁和谐的社会理想设计在一个可

以庇护的、可捍性强的自然山间盆地之中，而这个理想的盆地模式正是理想风水模式。

如果说中华民族的农耕文化发展过程中的盆地经验是其定型时期关中盆地经验与适应的持续和强化，则欧洲文化在向地中海沿岸及欧洲广大地区扩散的过程中，同样持续并强化了其在爱琴海沿岸及岛屿的生态经验和生态适应。限于篇幅，不再展开讨论。正是这两种文化定型时期及其主要发展时期中不同的景观和生态经验，分别强化了人类生物基因上的理想栖居地模式的某些结构特征，从而显示了中华民族文化及欧洲文化中理想景观模式的差异和各自的特色。

第六章

『风水说』关于景观
吉凶意识的解释体系

如开篇所声明的，本书无意于对风水的解释体系进行深入讨论。关于这方面的研究，国内外都有不少论著（见本书的参考文献）。这里插入一章只简单表述以下观点，也出于全书结构的完整性之考虑。

　　以上各章讨论旨在阐明：风水意识（景观吉凶意识）在很大程度上取决于人类进化过程中形成的心理能力，同时，也受到民族文化主要定型时期及发展过程中的自然和社会生态经验的影响，这两个层次的叠加，构成了风水的深层意义。原始人类满意的栖息地是理想风水的原型，而中国农耕文化定型和发展过程中的盆地经验强化了这一原型的某些结构特征，从而形成了具有中华民族特色的景观吉凶意识。

　　下面我们将着重说明，"风水说"建立了关于这种景观吉凶意识的解释体系。这一解释体系包括三个层次：化始——化机——化成的哲学体系，为少数专家所掌握的因形察气的技术体系和为便于下层民众所接受的迷信解释层次。"风水说"的这三个解释层次构成了中国风水意识的表层结构（俞孔坚；1990）（图107），由于这一表层解释体系并不直接反映吉凶景观的现实功利意义，从而使"风水说"和看风水带有很大的神秘性和虚幻性。

　　地理有书始于黄石（秦末汉初），续于郭璞（晋），盛于杨公

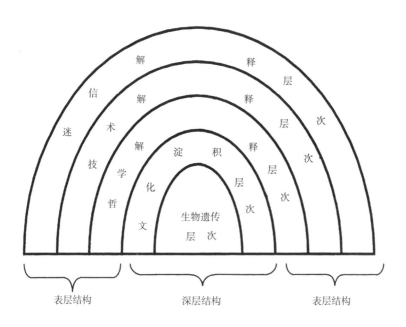

图 107　风水意识的深层结构和表层结构（1990，作者绘制）。

（杨筠松，唐），厥后伪书杂出，假冒名公（将国，清）。关于黄
石公的《青囊经》、郭氏的《葬书》之真伪，莫衷一是，但此两
书对"风水说"的贡献是公认的。在中国古代哲学体系下，两书
基本上确立了"风水说"的具体哲学思想和理论体系。郭璞以后
的风水师们则在此理论体系下进行技术上的解释和附会，并逐步
使风水术驳杂、晦涩和神秘。这里关于风水理论的考察将主要以
被奉为经典的论著为依据。

一、哲学解释体系

在本体论问题上，中国哲学虽有"唯气论""唯理论"和"唯心论"之别（张岱年，1982），但以"唯气论"为主流，它将世界之本源归根于超乎形质，而又非无的存在——气，从而建立了天、地、生、人合一的思想体系。这一哲学思想当然是风水这门以追求自然与人类和谐相处为最终目的的具体"科学"的前提。"风水说"通过"化始——化机——化成"的逻辑，将"气"这一哲学范畴转化为具体的可操作的系统。

所谓"化始"，即天地万物皆始于阴阳。气之本体即为无形之太虚，阴阳之气充满于天地之间，"其聚其散，变化之客形尔"（张载《正蒙·太和篇》）。"游气纷扰，合而成质者，生人物之万殊；其阴阳两端，循环不已者，立天地之大义。"（同上）这是天、地、生、人得以合一的本体论依据。

所谓"化机"，即无形、无质之气并非不可捉摸。"气之聚时，在天成象，在地成形"（《青囊经》），"天有五星，地有五行；天分星宿，地列山川"（同上）。除此恒常之形体外，气还有可感知的风、雨、霜、雪等形态，即《葬书》所谓的"阴阳之气，噫而为风，升而为云，奋而为雷，降而为雨"。阴阳之气不但在三维空间上有聚散流变之规律，在时间维度上也有可感知的运动形态。"风水说"沿用了中国哲学中关于昼夜、季节变化与气的运动关系："昼夜者，天之一息乎！寒暑者，天之昼夜乎！天道春秋分而气易，犹人一寤寐而魂交。"（张载《正蒙·太和篇》）。中国哲学的最大特点之一是物质与精神人伦合而为一，统一于气（或理、心）："……飞潜、动植、灵蠢、善恶，皆气所必有"，"凡奸声感人而逆气应之，逆气成象而乱生焉。正气感人而顺气应之，顺气成象而治生焉"（王夫之《张子正蒙注·参两篇》）。"风水说"继承并发展了这种思想，《葬书》将违背人道而葬与违背天道而葬同视为"凶葬"："阴阳相差错为一凶，岁时乖戾为二凶，力小图大为三凶，凭富恃势为四凶，僭上逼下为五凶，变应怪见为六凶。"这样，气（Qi）的运动状态便成了一个多变量的函数：

$$Qi = F（c.e.d.m.d.s.h）$$

其中：c——天象；e——地形；d——方位；m——气象；s——时间；h——人伦、精神；F 为某种函数关系。这一方程有一组最优解——生气，即各变量之间之阴阳五行都达到"冲和"（互相协调）。为此，又引入了阴阳五行的匹配关系和相生相克关系作为判定原则（表5，图108）。

表5　主要变量之间的五行匹配关系

五行	木	火	土	金	水
五星	岁星	萤或	镇星	太白	辰星
方位	东	南	中	西	北
时令	春	夏	季夏	秋	冬
德行	仁	礼	信	义	智
色彩	绿	红	黄	白	黑

图 108　阴阳五行相生相克关系。

　　所谓"化成"，即基于上述气之运动规律，仰观天象，俯察地形，审四时，定方位，"顺五兆，用八卦，排六甲，布八门，推五运，定六气，明地德，立人道，因变化，原终始"（《青囊经》）。使阴阳冲和而得生气，有生气则福禄永贞，万物化生。至此，已确定了风水术的基本技术途径，并提出"气乘风则散，界水则止"，从而引出了"藏风界水"的理想风水景观模式。

　　祖宗崇拜是中国宗教文化的一大特色。把死人安排得和活人一样，是中国埋葬制度的主要用心。不同于基督教文化，在中国的祖宗崇拜文化中，人死之后的鬼神及鬼神世界并没有完全异化为一个相对于现实世界的彼岸世界，它们仍是天地阴阳之气，还可以与子孙相通感（图 109）。所以，尽管"风水说"中有阴宅、阳宅之分，实质上并无多大差别。"风水说"最富神秘性之处是祖辈墓葬之好坏可以决定子孙祸福，其逻辑也正来源于此。"生者气之聚，凝结者成骨，死而独留，故葬者反气纳骨，以荫所生之法也。"（《葬书》）而人受体于父母，气脉相承，既然父母之遗骨得生气而返一，则自然"气感而应，鬼福及人"。所以，为父母择空造墓同自己择居建屋一样重要，都是为了"乘生气"而"福禄永贞"（图 109）。

　　可见，"风水说"的哲学逻辑是在中国的思辨哲学之上发展起来的，其中虽包含朴素的有机整体观，但缺乏实证的依据，把"气感而应，鬼福及人"来作为祖辈墓葬之风好坏可以决定子孙祸福之依据，以五行的生克关系来确定主要变量之间的匹配关系，以及将"气乘风则散，界水则止"作为是否有好风水的基本判据等，

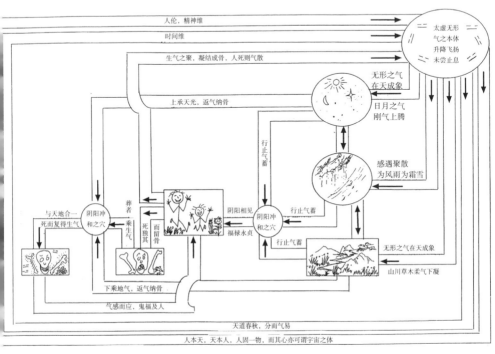

图 109　风水生气流程图（1991，作者绘制）。

都显然是荒谬的，缺乏任何依据。所以说，不是"风水说"导出了中国人的理想模式（景观模式），相反，是中国人内心深处和文化深处的那种理想景观模式，引发了"风水说"关于风水理想的直觉思辨，进而附会了一整套基于中国气哲学的解释体系。从这个意义上说，风水之理论本身并没有多大的意义，而其深层的景观理想才真正值得我们重视。这也正是本书的出发点。

二、技术和"民信"解释体系

在此哲学解释体系之下,"风水说"又引入了一个以罗盘使用为中心的测量技术体系,使看风水成了一门相当复杂的技术,并成为部分人的谋生手段。但中国的下层民众显然无法接受上述深奥的气哲学和复杂的罗盘使用等风水技术。为此,民间术士必须将"风水说"灰化,使之能为一般民众所接受,这自然就需借助鬼神和民间原有的信仰体系,我称之为民信,来解释"风水说"和风水术,从而使"风水说"带有很浓的迷信色彩。

结　语

　　目前，国内外关于"风水说"的讨论实际上多在风水意识的表层结构上进行，所以有人认为它是封建迷信的，也有人认为它是科学的。但是，正如以上所讨论的，"风水说"并没有对"景观现象——吉凶感应"关系的本质联系进行解释，而是进行了系统的曲解。所以，无论是否把这一解释体系当作迷信或科学，实际上都无助于对"风水说"所欲解决的景观与吉凶关系的研究。如果我们能深入讨论中国人景观吉凶意识形成和发展的历史，分析理想风水模式的深层意义，并由此找出人与景观关系的定性和定量的规律，必将有益于景观规划设计理论及人与自然关系科学研究的发展，使传统文化的研究在更高的层次上进行。这不单是对"风水说"的研究而言的，也是对中华民族其他文化遗产的研究而言的。

　　科学也？迷信也？阿弥陀佛，风水乃是一种文化现象，何苦对其褒贬？其真正的含义在于它所反映的景观理想，一种生物与文化基因上的图式。

参考文献

Alcock，J.1984.*Animal Behavior:An Evolutionary Approach*.3rd Edition.Sinauer Associate Inc.，Publishers. Sunderland，Massachusetts.

Appleton，J. (1975). The Experience of Landscape. Chichester，John Wiley.

Bennett，S. J. l978. Patterns of the sky and earth: the Chinese science of applied cosmology. *Chinese Science*，Vol. 3. University of Pennsylvania.

Boerschmann，E.，(Trans. L. Hamilton)，*Picturesque China*，*Architecture and Landscape*，Based on travels in China 1906-1909.

Brower，S.N.，1980.Territory in urban setting. In: *Human Behavior and Environment: Advances in Theory and Research*(Altman，I，Rapoport，A. and Wohlwill，J. Eds.) Vol.4: 179-207.

Carrrassco，D.，1982.*Quetzalcoatl and Irony of Empire*. The University of Chicago Press，Chicago.

Corne，J.，1992. Most Important Questions. *Landscape Journal*. Vol.11(2):163-164.

Cronon，W. 1984. *Changes In the Land: Indians□ Colonists and the Ecology of New England*. Hill and Wan，New York.

Dasmann，P.F.，1985.Achieving the sustainable use of species and ecosystems. *Landscape Planning*，12:211-219.

De Groot，J. J. M. 1897. *The Religious System of China*. Vol. 3，bk. 1，pt III，Ch. XII，pp. 935-1056. Brill Leiden. Also reprinted as: Groot，J. J M. de. Chinese geomancy. In: Walters，W. (ed.). Shaftesbury: Element Books.

Dukes，E. J. 1914. *Feng-shui*. In: *Encyclopedia of Religion and Ethics* (ed. by Hasting，New York，Vol. 5，pp.833-835.

Edkins，J. 1872. *Feng-shui*，*Chinese　Recorder and Missionary Journal*. Foochow，March 274-177，and On the Chinese Geomancy. *Recorder and Missionary Journal*，April 291-298.

Eitel，E.J. 1873. *Feng-shui*. Kingston Press.

FAO, 1985.*Forestry Paper 64: Tree Growing by Rural People*. Food and Agriculture Organization of the United Nations. Rome.

Feuchtwang, S.1974. *An Anthropological Analysis of Chinese Geomancy*. Vientane, Laos: Vithagna.

Forman, R.T.T. and Godron, M., 1986.*Landscape Ecology*. John Wiley & Sons, Inc.

Freedman, M. 1966. Geomancy and Ancestor Worship. In: *Chinese Lineage and Society: Fukien and Kwangtung*. Athlone, London. pp.118-154.

Freedman, M. 1969. Geomancy. In *Proceedings of Royal Anthropological Institute of Great Britain and Ireland*, London, 1968, pp.5-15.

Gadgil, M.1985. Cultural evoluytion of ecological prudence. *Landscape planning*. 12: 285-299.

Geist, V.1978.*Life Strategies, Human Evolution, Environmental Design: Toward A Biological Theory of Health*. Springer-Verlag, New York.

Hardin, G.1968.The tragedy of the commons.*Science*, 162:1234-1248.

Henry, BC., 1885. *The Cross and the Dragon: Light in the Broad East*. New York. Anson D. F. Randolph and Company.

Hull, R.B. and Revell, G.B., 1989.Cross-cultural comparison of landscape scenic beauty evaluations: A case study in Bali. *J.of Environmental Psychology*.9:177-191.

Johnson, S., 1881. Oriental Religions and Their Relationship to Universal Religion--China. University Press, John Wilson & Sons, Cambridge.

Kaplan, S. and Kaplan, R. *Cognition and Environment: Functioning in an Uncertain World*. Praeger, New York.

Knapp, R.G.1986. *China's Traditional Rural Architecture: A Cultural Geography of Common House*. University of Hawaii Press, Honolulu.

Knapp, R.G.1989. *China's Vernacular Architecture: House Form and Culture*. University of Hawaii Press: Honolulu.

Knapp, R.G.ed. 1992. *Chinese Landscapes: The Village as Place*. University of Hawaii Press, Honolulu.

Lai, C-Y, A *Feng-shui* model as a location index. *Annals of the Association of American Geographers*. Vol.64, No. 4.

Lip, E. 1979. *Chinese Geomancy*. Times Book International, Singapore.

Lip, E. 1987. *Feng-shui-- for the Home*. Times Books International, Singapore.

Marcel, G., 1975. *The Religion of the Chinese People*. Trans. and Ed. by Freedman, M., New York: Harper & Row. First Publish in French 1922.

March, A. L., 1968. An Appreciation of Chinese Geomancy. *Journal of Asian Studies*. XXVII, pp.253-267, Feb.

Marsh, G. P. 1965. *Man and Nature*. The Belknap Press of Harvard University Press, Cambridge, MA.

McHarg, I.L.1969. *Design with Nature*. The Natural History Press, Garden City, New York.

McHarg, I.L.1981. Human ecological planning at Pennsylvania.*Landscape Planning*, 8(2):109-120.

Michell, J.1973. Foreword to the second edition of *Feng-shui*. In: Eitel, E. J. *Feng-shui*. Kingston Press.

Michell, J. 1975. *The Earth Spirit*. Thames and Hudson Ltd., New York.

Morse, D.H., 1980.*Behavioural Mechanisms in Ecology*. Harvard University Press, Cambridge.

Naveh, Z. and Lieberman, A. S. 1984.*Landscape Ecology: Theory and Application*. Springer-Verlag, New York.

Naveh, Z.1991. Some remarks on recent developments in landscape ecology as a transdisciplinary ecological and geographical science. *Landscape Ecology* 5(2):65-73.

Needham, J. 1962.*Science and Civilization in China*. Vol. 4, Physics and Physical Technology. Cambridge University Press. pp.239-245.

Needham, J.1956. Science and Civilization in China. Vol.2, *History of Scientific Thought*. Cambridge University Press. pp.359-363.

Needham, Jl., 1980.*Science & Civilization in China*, Vol.2, History of Science Thought. The Syndics of the Cambridge University Press.

Nemeth, D. J. 1987. *The Architecture of Ideology*, *Neo-Confucian Imprinting on Cheju Island*, *Korea*. University of California Press.

Pasztory, E., 1997, *Teotihuacan*, *An experiment in Living.*, University of Oklahoma Press, Morman and London.

Patuidge, L., 1978.Habitat selection. In: *Behavioral Ecology: An Evolutionary Approach* (Krebs, J.R. and Davies, N.B. Eds.). Blackwell Scientific Publications. 351-376.

Pennick, N. 1979. The Ancient Science of Geomancy. Thames and Hudson Ltd., London.

Rossbach, S. 1983. *Feng-shui: the Chinese Art of Placement*. E. P. Dutton, Inc.

Sach, I., 1980.Cultural ecology and development. In: *Human Behavior and Environment: Advances in Theory and Research* (Altman, I., Rapaport, A. and Wohwill, J. Eds.). Vol.4: 319-343.

Schlegel, G. 1898. Critique on De Groot (1897) *the Religious System of China*. *T'oung Pao*, Series 1, Vol.IX: 65-78.

Simonds, J.O., 1983.*Landscape Architecture: A Manual of site Planning and Design*. McGraw Hill Book Company.

Skinner, S. 1982. *The Living Earth Manual of Feng-shui*. Routledge & Kegan Paul. London.

Stavrianos, L.S., 1970.*The World to 1500: A Global History*. Prentice-Hall, Inc., Englewood Cliffs, N.J.

Vroom, M.J.1985.Religion and environmental attitudes: Cause and effects? *Landscape Planning*, 12:311-312.

Wheatley, P., 1971.*The Pivot of the Four Quarters*. Edinburgh University Press, Edinburgh.

Xu, P. l990. *Feng-shui: A Model for Landscape Analysis*. Harvard Graduate School of Design, Thesis.

Yang, C. K., 1967.*Religion in Chinese Society*. Berkeley and Los Angeles: University of California Press.

Yates，M.1868. Ancestral worship and Feng-shui，In *Chinese Recorder and Missionary Journal*，Vol.1.

Yu，K-J.1992. Experience of basin landscapes in Chinese agriculture has led to ecologically prudent engineering. In， Hansson，L. O. and Jungen，B. (eds.)，*Human Responsibility and Global Change. Proceedings of the International Conference on Human Ecology.* University of Gothenburg，Sweden.

Yu，K-J.1993. Infinity in a bottle gourd: understanding the Chinese Garden. *Arnoldia*，Spring:1-7.

Yu，K-J. 1994. Landscape into places: Feng-shui model of place making and some cross-cultural comparison. In，Clark，J. D. (Ed.) *History and Culture.* Mississippi State University，USA.pp.320-340.

Yu，K-J. 1995. "Cultural variations in landscape preference: comparisons among Chinese sub-groups and Western design experts." *landscape and Urban Planning*，(32)107-126.

邓球柏:《帛书周易校释》，长沙: 湖南人民出版社，1987。

冯建逵:《清代陵寝的选址与风水》，《天津大学学报》，1989，增刊，第50—54页。

(清)顾炎武:《昌平山水论》，北京: 北京古籍出版社，1980。

何晓昕:《风水探源》，南京: 东南大学出版社，1990。

贾兰坡、黄慰文:《周口店发掘记》，天津: 天津科学出版社，1984。

[日]堀逾宪二:《风水思想和中国的城市》，文炯译，《天津大学学报》，1988，增刊，第135—140页。

刘敦桢:《中国古代建筑史》，第二版，北京: 中国建筑工业出版社，1984。

刘尧汉:《中国文明源头新探——道家与彝族虎宇宙观》，昆明: 云南人民出版社，1985。

卢明景:《古代"风水说"与城镇发展的关系初探》，《跨世纪规划师的思考》(鲍世行主编)，北京: 中国建筑工业出版社，1990，第310—325页。

罗哲文:《中国古塔》，北京: 中国青年出版社，1985。

潘纪一:《人口生态学》，上海: 复旦大学出版社，1988。

潘天寿:《中国绘画史》，上海: 上海人民美术出版社，1983。

皮道坚:《从我国山水画的发展看民族审美意识》，《中国画研究》第二期，北京: 人民美术出版社，1982，第213—223页。

戚珩、范为:《古城阆中的风水格局》，天津大学学报，1989，增刊，第77—99页。

田昌五:《对周灭商前所处社会发展阶段的估计》，《华夏文明》(田昌五主编)，北京: 北京大学出版社，1990，第79—120页。

田昌五:《华夏文明》(2)，北京: 北京大学出版社，1990。

王其亨:《清代陵寝风水探析》，《天津大学学报》，1989，增刊，第55—76页。

王玉德:《神秘的风水》，南宁: 广西人民出版社，1990。

吴守明:《山水画变革要述》，太原: 山西人民出版社，1988。

伍蠡甫:《中国画论研究》，北京: 北京大学出版社，1983。

杨鸿勋:《建筑考古论文集》，北京: 文物出版社，1987。

于希贤等:《中国风水思想与城市选址布局》,《大地地理杂志》,1990,5月刊,第93—107页。

俞孔坚:《风景资源评价的主要学派及方法》,《年风景师》(文集),1988,城市设计情报资料,第31—41页。

俞孔坚:《自然风景质量评价:BIB — LCJ审美评判测量法》,《北京林业大学学报》,1988a,10(2),第1—11页。

俞孔坚:《论风景美学质量评价的认知学派》,《中国园林》,1988b,第1期,第16—19页。

俞孔坚:《"风水"模式深层意义之探索》,《大自然探索》,1990,9(1),第87—93页。

俞孔坚:《从易经看生态系统的边缘效应》,《周易与现代自然科学》(徐道一、段长山、李树菁主编),1990a,北京:中国社会科学出版社。

俞孔坚:《中国人的理想环境模式及其生态史观》,《北京林业大学学报》,1990b,12(1),第10—17页。

俞孔坚:《系统景观美学方法研究——以湖泊景观为例》,《跨世纪规划师的思考》(鲍世行主编),北京:中国建筑工业出版社,1990c,第19—86页。

俞孔坚:《"风水说"的生态哲学思想及理想景观模式》,《系统生态研究报告》,中国科学院系统生态开放研究室,1991,No.1,第6—15页。

俞孔坚:《自然景观空间意义之探索——南太行山典型峡谷景观韵律美评价》,《北京林业大学学报》,1991a,13(1),第9—17页。

俞孔坚:《景观敏感度与阈值评价研究》,《地理研究》,1991b,10(2),第38—51页。

俞孔坚:《从选择满意景观到设计整体人类生态系统》,《景观生态学理论、方法和应用》(肖笃宁主编),北京:中国林业出版社,1991c,第161—170页。

俞孔坚:《绿地空间美的结构及其意义》,中国园艺学会成立六十周年纪念暨第六届年会论文集观赏园艺卷(中国园艺学会),北京:万国学术出版社,1991d,第21—23页。

俞孔坚:《盆地经验与中国农耕文化的生态节制景观》,《北京林业大学学报》,1992,14(4)。

俞孔坚:《园林风景偏好与社会文化背景的关系》,中国科学技术协会,《首届青年学术年会论文集》(交叉科学卷),1992a,第169—175页。

俞孔坚:《景观理想与生态经验——从理想景观模式看中国园林美之本质》,《园林无俗情》,《中国首届风景园林美学研讨会论文集》(李嘉乐等主编),南京:南京出版社,1994,第55—69页。

俞孔坚、吉庆萍:《专家与公众景观审美差异研究及对策》,《中国园林》,1990,第219—223页。

俞孔坚:《欧拉绿洲与消失的文明》,《景观设计学》,2019,4,第4—9页。

张岱年:《中国哲学史大纲》,北京:中国社会科学出版社,1982。

郑午昌:《中国画学全史》,上海:上海书画出版社,1983。

《中华文明史》第一卷,石家庄:河北教育出版社,1989。

索引